AF549412

JOOST LANGNITZ

Pflanzen veredeln für Einsteiger

Die Komplettanleitung zur Pflanzenveredelung durch Pfropfen, Okulieren & Kopulieren bei Rosengewächsen, Obst- & Ziergehölzen

Alle Ratschläge in diesem Buch wurden vom Autor und vom Verlag sorgfältig erwogen und geprüft. Eine Garantie kann dennoch nicht übernommen werden. Eine Haftung des Autors beziehungsweise des Verlags für jegliche Personen-, Sach- und Vermögensschäden ist daher ausgeschlossen.

ISBN: 978-3-969304815

Copyright © 2023 Joost Langnitz
Email: info@edition-lunerion.de
www.edition-lunerion.de

Alle Rechte, insbesondere das Recht der Vervielfältigung und Verbreitung der Übersetzung, vorbehalten. Kein Teil des Werkes darf in irgendeiner Form (durch Fotokopie, Mikrofilm oder ein anderes Verfahren) ohne schriftliche Genehmigung des Verlages reproduziert oder unter Verwendung elektronischer Systeme gespeichert, verarbeitet, vervielfältigt oder verbreitet werden.

Psiana eCom UG
Berumer Str. 44
26844 Jemgu

Inhalt

Vorwort

In diesem praxisnahen Ratgeber dreht sich alles um die erlesenste Form der Pflanzenvermehrung: die Pflanzenveredelung. In diesem Buch erfährst Du alles, was Du über die Königin der Gärtnerei wissen musst. Angefangen bei den Grundlagen der Veredelung über das erforderliche Handwerkszeug bis hin zu den feinen Handgriffen lernst Du Schritt für Schritt, wie Dir das Veredeln gelingen kann.

Dieses Buch ist nicht nur mit dem Ziel geschrieben worden, über das Veredeln zu informieren. Vielmehr soll es Dir helfen, auch selbstständig eine Veredelung im heimischen Garten durchführen zu können und deine Fähigkeiten als Hobbygärtner zu erweitern. Schritt-für-Schritt-Anleitungen, übersichtliche Tabellen und Darstellungen sollen Dir das nötige technische Wissen und Geschick geben, um erfolgreich Bäume, Ziergehölze und andere Gewächse zu veredeln.

Erfahre in diesem Buch, wann Pflanzen veredelt werden können, mit welchen Methoden dies möglich ist und wie Du diese ertragreich umsetzen kannst. Mit ein wenig Übung und Geduld wird auch Dir deine Veredelung ganz schnell gelingen.

Ein althergebrachtes Kulturgut

Die Pflanzenveredelung ist eine der ältesten künstlichen Vermehrungsformen von Obst- und Ziergehölzen. Seit Jahrtausenden wird sie praktiziert und hat bis heute nicht ihren Mehrwert verloren. Das Prinzip der Veredelung ist ganz einfach: Zwei Pflanzen werden miteinander verbunden, um eine neue, stärkere Einheit zu bilden. Auf diese Art können alte Obstsorten erhalten, Zierpflanzen vermehrt und schwache Pflanzen gestärkt werden. Die Pflanzenveredelung ist daher eine wahre Schatztruhe für jeden Gärtner.

In diesem Buch soll sich alles um die Veredelung, der Königin der Gärtnerei, drehen. Dazu werden Dir alle wichtigen Grundlagen der Pflanzenveredelung vorgestellt. Du wirst lernen, wann die Veredelung ihre Anwendung findet und unter welchen Voraussetzungen sie angewandt werden kann. Erfahre, welche Materialien für die Veredelung benötigt werden und über welche Eigenschaften die Veredelungspartner verfügen müssen, um erfolgreich veredelt werden zu können.

Im zweiten Kapitel kannst Du Dir grundlegendes Wissen über die biologischen Abläufe von Pflanzen aneignen. Wie genau verbinden sich zwei Pflanzen miteinander? Was hat Wundverschluss mit Pflanzenveredelung zu tun? Was ist Kambium und warum ist es so wichtig für eine gelungene Veredelung? Diese und mehr Fragen werden beantwortet und Dein Verständnis von Pflanzenveredelung wird nachhaltig bereichert.

Alle Veredelungsmaßnahmen werden Dir in praxisnahen Schritt-für-Schritt-Anleitungen präsentiert, so dass Du Dich gleich ans Üben machen kannst. Vom Rinden-Pfropfen über die Kopulation bis hin zur Augenveredelung ist alles dabei. Außerdem wirst Du auch mehr über die spezielleren Anwendungsmöglichkeiten der Veredelung erfahren, wie zum Beispiel der Pfropfung eines Mehrsortenbaumes.

Zum Abschluss wartet auf Dich eine nützliche Übersicht der geläufigsten Obst- und Ziergehölze sowie Rosengewächse inklusive Informationen dazu, wann und mit welchen Methoden sie jeweils veredelt werden können. In einem Bonus-Kapitel erfährst Du, wie sogar heimisches Gemüse mithilfe der Veredelung vermehrt werden kann.

Mithilfe dieses Buches soll Dir also ein Werkzeug gegeben werden, mit welchem Du die Kunst der Pflanzenveredelung selbstständig lernen kannst – damit auch Dein Garten von der traditionsreichen Gärtnerkunst profitieren kann!

Veredelung von Pflanzen

Die Veredelung von Pflanzen ist eine jahrhundertealte Tradition, um Bäume und Sträucher zu vermehren. Anders als bei der natürlichen Vermehrung werden dabei zwei verschiedene Pflanzen künstlich vom Gärtner zusammengeführt. Auf diese Art und Weise entsteht eine veredelte Neupflanze, welche die positiven Eigenschaften der Ursprungspflanzen in sich vereint. Damit eine Veredelung glückt, muss es sich bei den zu veredelnden Pflanzen um verschiedene, aber miteinander verwandte Arten handeln. Ganz dem Begriff nach werden und wurden Pflanzen veredelt, um eine bessere, also edlere neue Pflanze zu ziehen.

Durch die Veredelung werden streng genommen keine neuen Sorten gezüchtet, da es zu keiner Kreuzung der Arten kommt. Stattdessen werden die Eigenschaften miteinander kombiniert, ohne dabei zum Beispiel die Sorte der Früchte zu verändern.

Beispiel:
Ein Apfelbaum der Sorte Gala, der mit einem anderen Baum veredelt wird, wird weiterhin die Apfelsorte Gala tragen. Allerdings kann man ihn durch die Veredelung mit einem widerstandsfähigen Baum resistenter machen und so eine veredelte Form des Ursprungsbaumes erzielen.

Die Veredelung wird von daher nicht eingesetzt, wenn eine neue Pflanzensorte gezüchtet werden soll, sondern vielmehr dann, wenn eine Pflanzensorte *erhalten* werden soll.

Ziel der Veredelung ist es somit, positive Eigenschaften bei der Vermehrung der Pflanzen beizubehalten. Die natürliche, generative Fortpflanzung über Samen kann dies nicht verlässlich gewährleisten und erzielt meist ungewisse Ergebnisse. Die dadurch entstehenden Neupflanzen können dabei, ähnlich wie menschliche Geschwister, in ihrem Aussehen und ihren Merkmalen durchaus unterschiedlich sein. Die geschlechtliche Vermehrung der Pflanzen kombiniert genau wie beim Menschen die Erbanlagen der „Eltern"-Pflanzen: die sichtbaren und verdeckten Anlagen der Mutterpflanze und die sichtbaren und verdeckten Anlagen der (pollenspendenden) Vaterpflanze. Das führt dazu, dass eine Vielzahl von unterschiedlichsten sichtbaren und verdeckten Ausprägungen der „Kinder" auftreten kann.

Eine so gezüchtete Tochterpflanze muss der Mutterpflanze in keiner Art und Weise ähneln. Pflanzenveredelung ist also eine künstliche Methode, um alte Sorten zu vermehren. Daraus ergibt sich, dass die Methode nicht dazu gedacht ist, neue Pflanzen zu züchten. Eine Veredelung ist also nur angebracht, wenn es das Ziel ist, bestehende Pflanzensorten in ihrem Aussehen, Geruch oder Geschmack zu erhalten und zu vervielfältigen. Darüber hinaus können nur Pflanzen veredelt werden, die verholzt sind – dazu gehören Nacktsamer und zweikeimblättrige Pflanzen. Neben der Zucht bereits bestehender Pflanzen ist die Veredelung außerdem das Mittel der Wahl, wenn die gewünschten Pflanzen zu lange für die Stammbildung brauchen, den Boden nicht vertragen oder krankheitsanfälliges und schwaches Wurzelwerk besitzen.

Die Veredelung ist eine Form der ungeschlechtlichen Vermehrung (vegetativ). Statt einer Mutter- und einer Vaterpflanze werden Teile einer Mutterpflanze vermehrt. Die daraus entstehenden Nachkommen sind identisch: Die Erbanlagen im verwendeten Gewebe verändern sich nicht. Daher kann man diese Nachkommen auch als „Klone" bezeichnen. Die veredelte Pflanze gleicht damit genetisch exakt ihrer Mutterpflanze und birgt daher keine (ungewollten) Überraschungen für den Gärtner. Sie ist eine sogenannte *Chimäre*.

Definition: Chimäre

Eine Chimäre ist ein Organismus, der aus mehr als einem unterschiedlichen Gewebe besteht, aber insgesamt ein einheitliches Individuum bildet. Ein Austausch von genetischen Informationen findet zwischen den beiden Individuen nicht statt.

In der Vergangenheit war das Wissen über die Veredelung einer Pflanze noch weit verbreitet und als Handwerk anerkannt. Besonders in Baumschulen wurden Obstbäume veredelt, was zu dem heutigen Erhalt an verschiedenen Obstsorten geführt hat. Auch unter Blumen hat die Veredelung ihre lange Tradition: Besonders Rosen und Tulpen wurden schon in der frühen Neuzeit durch Veredelung in ihrer Schönheit erhalten und vermehrt. Gemüse, beispielsweise Gurken oder Tomaten, zählt ebenfalls zu den veredelbaren Pflanzen.

Die Veredelung von Pflanzen hat viele Vorteile:

- Es werden qualitativ hochwertige Pflanzen geschaffen, die besonders stark, gesund und robust gegen Infektionen sind.
- Veredelte Pflanzen sind häufig ergiebiger in der Ernte als unveredelte.
- Alte Obst- und Strauchsorten können erhalten bleiben.
- Auch geschwächte Pflanzen können am Leben erhalten und „neu geboren“ werden.
- Veredelung spart Zeit, da sie schneller ist als die Aufzucht eines neuen Baumes aus einem Sämling.

Je nach Pflanze und Jahreszeit gibt es verschiedene Methoden der *Veredelung*.

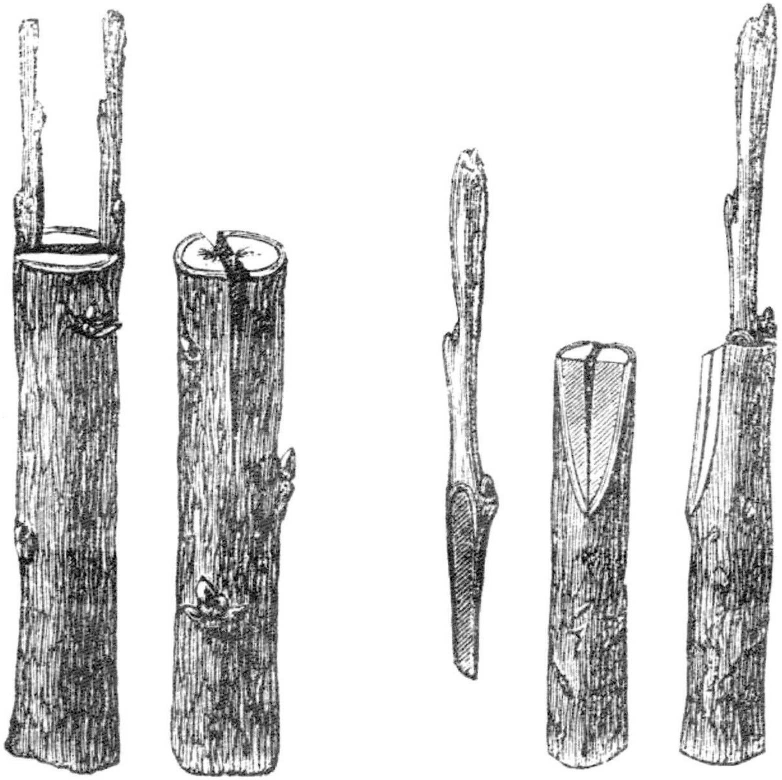

Sie erfordert zwar etwas Geduld und auch ein gewisses gärtnerisches Geschick, ist aber auch von Hobbygärtnern anwendbar.

Definition: Veredelung

Veredelung bedeutet nichts anderes als die Befestigung von Zweigen einer Pflanze an einer anderen, mit dem Ziel, die Äste zu klonen. Die positiven Eigenschaften der Zuchtpflanze werden dabei nicht nur erhalten, sondern auch vermehrt.

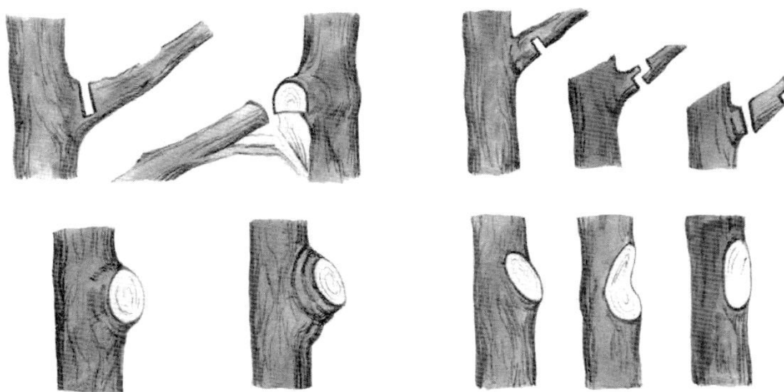

Es gibt auch eine natürliche Form der Veredelung. Die Wurzeln einiger Bäume, wie beispielsweise der Ulme, wachsen manchmal zusammen, wenn sie die Wurzeln eines anderen Baumes berühren. Die Bäume leben dann in einem *symbiotischen Verbund*, in welchem sie über das gemeinsame Wurzelsystem Mineralien und Wasser teilen.

Definition: Symbiotischer Verbund / Symbiose

Man spricht von einem symbiotischen Verbund, wenn zwei Lebewesen zusammenleben und sich so gegenseitig nutzen. Ein klassischer symbiotischer Verbund ist der gegenseitige Austausch von Biene und Blume. Bienen nutzen die Pollen als Nahrung und zur Herstellung von Waben, während die Pflanze davon profitiert, dass die Biene ihre Pollen weiter rausträgt und sie sich so vermehren kann.

Dies ist vor allem für schwächere Pflanzen ein Vorteil. Wie im Falle der Ulme ist es aber auch so, dass über dieses gemeinsame Wurzelsystem Krankheiten (Ulmensterben) übertragen werden. Zusammengewachsene Büsche, Äste von Bäumen und Kletterpflanzen stellen auch eine Form von natürlicher Veredelung dar.

Die Königin der Gärtnerei – Das Veredeln von Pflanzen

Veredelung wird im allgemeinen Sprachgebrauch auch *„Pfropfen"* genannt.

Definition: Pfropfen

Der Prozess des Pfropfens zählt zu den Methoden der Veredelung. Da das Pfropfen aber die geläufige Form der Veredelung ist, werden diese Begriffe auch austauschbar verwendet. Beim Pfropfen wird ein Stück Zweig einer Pflanzensorte auf den Stamm einer anderen gesetzt („gepfropft").

Die Veredelung oder das Pfropfen von Obstgehölzen wird oftmals als die „Königsdisziplin" im Gartenbau gehandelt. Dabei wurde sie nicht nur schon seit Urzeiten verwendet, sondern war auch eine ganze Zeit lang geläufige Handwerkskunst. Auch heute noch können Hobbygärtner mit dem richtigen Werkzeug und den entsprechenden biologischen Grundkenntnissen diese mit wesentlich weniger Aufwand durchführen, als oftmals suggeriert wird.

Die (durch den Menschen durchgeführte) Veredelung als solche entstand, als die Menschen sesshaft wurden und Tiere und Pflanzen zu domestizieren begannen. Angetrieben durch den Wunsch, besonders langlebige oder aussichtsreiche Pflanzen zu erhalten und zu vermehren, entstand so der Brauch, sie zu veredeln. Dabei geht die Veredelung angeblich sogar bis zur vorchristlichen Zeit zurück. So lässt beispielsweise die Interpretation des Livitikus 19:19 (1400 v. Chr.), „[Das hebräische Volk] soll sein Feld nicht mit gemischtem Samen besäen ...", einen Hinweis auf das Pfropfen als ‚vermischte Samen' zu, auch wenn es unter Gelehrten umstritten ist. Allerdings wird das Pfropfen auch im Neuen Testament erwähnt: So wird in Römer 11:17 über das Veredeln von wilden Ölbäumen in Bezug auf die Beziehung zwischen Juden und Heiden gesprochen.

Auch in China wird die Veredelung schon seit Jahrhunderten durchgeführt, angeblich sogar schon seit 2000 v. Chr. In Jia Sixies landwirtschaftlichem Traktat Qimin Yaoshu („Essential Skills fort the common people"), das etwa 600 n. Chr. entstand, werden Techniken des Pfropfens beschrieben. So findet man hier beispielsweise genaue Anleitungen dazu, wie Birnenzweige auf Zierapfel-, Jujube- und Granatapfelunterlagen aufgepfropft werden können. Die Texte, auf die sich das Traktat bezieht, sind zwar leider verschollen, angesichts der Tatsache, wie ausgeklügelt die Taktiken in diesem beschrieben werden, ist allerdings davon auszugehen, dass sie schon mehrere Jahrhunderte praktiziert wurden.

Auch aus Griechenland und dem alten Rom gibt es Hinweise, dass Propfung schon mehrere Jahrhunderte vor Christus praktiziert wurde. So verfasste der römische Texter Marcus Porcius Cato etwa 160 v. Chr. den Text „De Agri Cultura" („Über den Ackerbau") und beschreibt dort die verschiedensten Veredlungsmethoden. In den islamischen Regionen war es im Mittelalter darüber hinaus üblich, üppige Gärten anzulegen und sich unter den Herrschern daran zu messen, wie fruchtbar diese waren. Dazu wurden auch Zierpflanzen verwendet, anhand derer sich erkennen lässt, dass die Veredelung schon ihren Einzug in die Gesellschaft gehalten hat.

Nach dem Untergang des Römischen Reiches überlebte das Pfropfen in den christlichen Klöstern Europas, bis es in der Renaissance wieder an Popularität gewann. Durch den Buchdruck wurden Gartenbücher, die Informationen erhielten, noch weiter verbreitet und über ganz Europa verteilt.

Beispiel.:
"A New Orchard and Garden: Or, the Best Way for Planting, Graffing, and to Make Any Ground Good for a Rich Orchard, Particularly in the North." (1618 von William Lawson)

Während die Veredelung in Europa im achtzehnten Jahrhundert weiter zunahm, wurde sie in den Vereinigten Staaten als unnötig angesehen, da der Ertrag von Obstbäumen größtenteils entweder zur Herstellung von Apfelwein oder zur Fütterung von Schweinen verwendet wurde.

Die Veredelung spielte auch eine ganz besondere Rolle während der französischen Weinepidemie 1864. Zu dieser Zeit versagten die Weinreben in ganz Frankreich, da sie von einer aus Nordamerika eingeschleppten Reblaus befallen waren. Als dies erkannt wurde, beschloss man, eine aus Nordamerika übliche Rebart zu importieren, um diese als Unterlage für eine veredelte Rebe zu nutzen. Diese Methode der Pfropfung setzte sich sogar gegen teure Pestizide durch, die zunächst noch von einigen Bauern bevorzugt wurden. Die amerikanischen Unterlagen hatten Schwierigkeiten, sich an den hohen pH-Wert des Bodens in einigen Regionen Frankreichs anzupassen, sodass die endgültige Lösung der Pandemie in der Kreuzung der amerikanischen und französischen Varianten bestand.

Bis heute hat sich die Veredelung aber als Prinzip bewährt, um so Pflanzen widerstandsfähiger zu machen und dabei ihre Vorzüge zu behalten. Kein Wunder also, dass sie sich so einer großen Beliebtheit erfreut. Es erfordert neben den Grundkenntnissen und Werkzeugen nur ein wenig Übung, diese Disziplin auch im heimischen Garten zu etablieren.

Im nächsten Abschnitt wollen wir uns von daher eben jenen Grundregeln widmen, die für das Pfropfen unerlässlich sind.

Grundregeln für das Veredeln

Die meisten Pflanzen lassen sich veredeln. Besonders bei Obst steht der Geschmack der Früchte bei der Veredelung im Vordergrund. Bei Zierpflanzen wird dagegen meistens versucht, die äußeren Merkmale beizubehalten, bei anderen Gewächsen die Farbe der Blüte, des Laubs oder die Wuchsform.

Mit welcher Technik und zu welcher Jahreszeit veredelt wird, ist immer von den veredelten Pflanzenarten abhängig. In der Ruhephase, also im Spätwinter oder Frühjahr, werden Kopulation, Geißfuß-Veredelung oder Anplatten verwendet. Der beste Monat dazu ist der Januar. Für die Okulationsmethode wird im Frühjahr oder im Sommer veredelt. Die einzige Veredelungsmethode, die ganzjährig durchführbar ist, ist die Chip-Veredelung. Darüber hinaus gelten außerdem einige Grundregeln.

Zunächst einmal ist es wichtig, dass nur Pflanzen einer Gattung (miteinander) veredelt werden können. Das heißt, dass diese Pflanzen zumindest nah miteinander verwandt sein müssen.

Beispiel:
Ein Apfelbaum wird nur mit einem Apfelbaum veredelt, Rosen mit Rosen. Birnen können aber beispielsweise auch auf anderem Gehölz veredelt werden, nämlich auf der nahe verwandten Quitte. Im Gegenzug werden Quitten aber auf Weißdorn veredelt. Kirschen, Aprikosen und Pflaumen können jeweils miteinander veredelt werden, da es sich hierbei um Steinobstgewächse handelt. Eine Kirsche und einen Apfel oder eine Aprikose und eine Birne würde man nicht miteinander veredeln.

Damit eine Veredelung erfolgreich verlaufen kann, sollte es außerdem trocken sein. Regenwetter ist grundsätzlich schlecht für die Veredelung, weil bei hoher Feuchtigkeit eher Krankheiten an den Schnittstellen entstehen. Aus demselben Grund solltest Du immer sauber arbeiten und eine glatte Technik entwickeln. Die Schnittstellen sollten auch mit bloßem Finger nicht berührt werden, sondern wie fleischliche Wunden sauber und in Ruhe gelassen werden. Zu trocken darf es natürlich auch nicht werden, da der Baum selbst sonst vertrocknet – sollte also lange Zeit kein Regen in Sicht sein, muss der Baum oder die Pflanze gut bewässert werden. Prüfe, bevor Du mit dem Veredeln beginnst, immer, ob Deine Sorten miteinander kompatibel sind und ob für den gewünschten Zweck eine Veredelung hilfreich ist. Sie ist das Mittel der Wahl, wenn die *Ursorte* geklont werden soll, die zu veredelnde Obstsorte Probleme hat, trotz fruchtbarer Umstände Früchte zu tragen, oder Zierformen gewünscht sind.

Definition: Ursorte und Unterlage
Dies ist die Sorte, von der Geschmack, Aussehen etc. beibehalten werden sollen. Sie wird auch Edelsorte genannt und unterscheidet sich in ihren Eigenschaften von der *Unterlage*, welche für Wurzelwerk und Stamm verantwortlich ist.

Auch wenn die Ursorte nicht gut zum geplanten Boden passt (im Gegensatz zu der Unterlage, der Sorte, mit der die Ursorte gepaart wird) oder ihre Widerstandskraft gesteigert werden soll, ist die Veredelung praktisch und hilfreich. Sie kann eine effektive Hilfe sein, wenn die Ursorte über Schwächen verfügt, die es erschweren, die Sorte alleine zu züchten. Dazu gehört eine Unverträglichkeit der Wurzeln gegenüber dem Pflanzort, beispielsweise aufgrund von Kalk oder Staunässe. Generell ist Krankheitsanfälligkeit ein häufiger Grund zum Veredeln einer Sorte. Die am häufigsten vorkommenden Infektionen sind:

- Bodenpilze,
- Läuse,
- Nematoden (Fadenwürmer; siehe Foto).

Diese Krankheitserreger machen es den Wurzeln häufig schwer. Weitere mögliche Probleme können schwache Wurzeln und eine ungeeignete Wuchsstärke (zu stark oder zu schwach) sein.

Praxistipp: Das solltest Du bei der Veredelung beachten

- Veredelung findet je nach Sorte und Methode im Winter, Frühjahr oder Sommer statt.
- Veredelung sollte nur bei trockenem Wetter durchgeführt werden.
- Zu veredelnde Pflanzen sollten miteinander verwandt und kompatibel sein.
- Die Unterlage muss zu dem Boden passen, auf dem sie gepflanzt wird.

Benötigte Materialien für die Veredelung

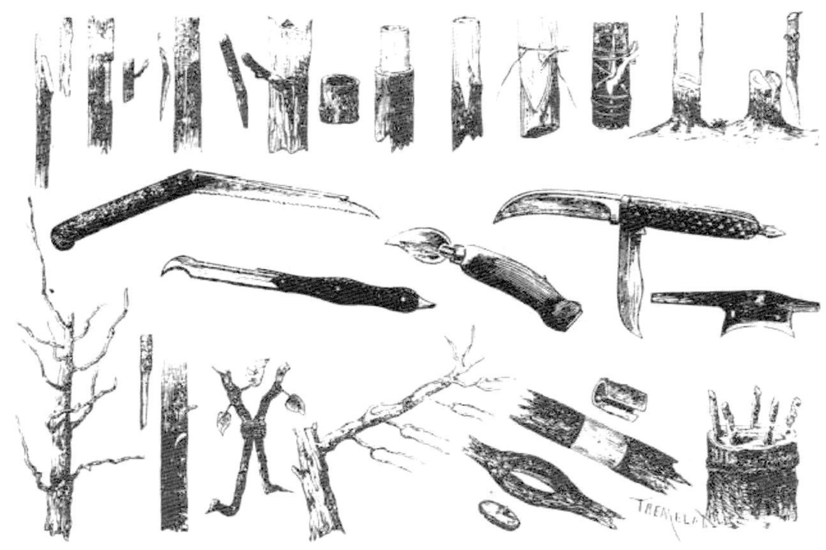

Bevor Du mit dem Veredeln beginnst, eigne Dir Grundkenntnisse über Botanik und Gärtnern an. Es lohnt sich, die einzelnen Veredelungsmethoden genau durchzugehen, auch wenn Du der Meinung bist, bereits die richtige Methode gefunden zu haben. Dieses Wissen kann immer hilfreich werden. Außerdem sollten alle Werkzeuge immer ausreichend geschärft sein, damit die Schnittränder sauber und glatt sind. Damit vermeidest Du eine potenzielle Schwächung der Pflanze. Zur Veredelung selbst brauchst Du letztlich nicht viele Werkzeuge – nur die richtigen. An dieser Stelle möchten wir Dir einen kurzen Überblick darüber geben, was Du unbedingt parat haben solltest, bevor Du mit dem Pfropfen beginnst.

Veredelungsmesser

Nimm keinesfalls ein einfaches Küchenmesser, so scharf Du es auch geschliffen hast. Es gibt einige verschiedene Arten von Veredelungsmessern. Diese sind nur einseitig angeschliffen, damit der Schnitt präzise und gerade wird. Man kann sich das Veredelungsmesser in etwa wie ein Schnitzmesser vorstellen. Eine gekrümmte Klinge kann den Schnitt vereinfachen, eine gerade hat jedoch den Vorteil, einfacher geschärft werden zu können. Je nach Veredelungsart und -form gibt es auch entsprechende Messer.

Ein **Okuliermesser** hat einen speziellen Rindenlöser und verfügt über eine gerade oder geschwungene Klinge. Das Okuliermesser kann zudem beidseitig geschliffen werden, da keine geraden Schnittflächen damit erzeugt werden müssen.

Kopuliermesser hingegen sind größer und haben sehr selten eine wenig gekrümmte Klinge. Die Kopuliermesser werden nicht nur für die Kopulations-Methode bei der Veredelung, sondern auch beim Rinden-Pfropfen oder anderen Veredelungsmaßnahmen genutzt.

Die sogenannte „**Hippe**" (oder auch Kopulierhippe) verwendet man für die gröberen Arbeiten, weshalb sie eine zum Anschliff hin gekrümmte Klinge besitzt. Die meiste Anwendung findet sie bei der Veredelungsmethode des Spaltpfropfens.

Verbandmaterial

Die Veredelung kommt leider nicht ohne eine Verletzung der Pflanzen aus. Diese Verletzung ist aber wichtig, damit die Pflanzen gemeinsam wachsen können. Schließlich ist eine Veredelung nichts anderes als der Wundzusammenwachs zweier Pflanzen. Um ein gesundes Wachstum zu garantieren, braucht es auch das richtige Verbandmaterial, um die Wunden zu versorgen. Verbandmaterial hat den Zweck, mehr Kontakt zwischen Unterlage und Edelreis herzustellen, damit sie eng miteinander verwachsen. Traditionelles Verbandmaterial ist **Naturbast**. Mit dem Bast werden die Wunden eng zusammengebunden, damit sie sich verbinden. **Kunstbast** hat gegenüber Naturbast den Vorteil, nicht nur in einer bestimmten Länge verfügbar zu sein. Bei Veredelungen mit dickeren Veredelungspartnern kann das von Vorteil sein, da Kunstbast in der Regel länger ist als Naturbast. Noch leichter zu verwenden sind **Gummibänder**. Sie üben einen relativ gleichmäßigen Druck auf die Veredelungsstelle aus und sind deswegen mittlerweile sehr beliebt. Gummibänder können bei richtiger Anwendung außerdem Wundverschlussmittel redundant machen, da sie die Wunde bereits genug vor potenziellen Erregern oder Witterungsschäden sichern. Mittlerweile gibt es auch Klebebänder, die zu diesem Zweck eingesetzt werden können. **Isolierband** gibt es zudem sogar **selbstverschweißend**. Selbstverschweißendes Isolierband haftet, sobald es gedehnt wurde, und muss nicht extra verklebt werden. Ist mit dem Isolierband jede offene Stelle der Veredelungswunde abgedeckt, muss hier auch nicht erneut mit einem Wundverschlussmittel gearbeitet werden. Veredelungsbänder sind meistens selbstzersetzend: Einige Zeit nach der Veredelung ist nichts mehr von ihnen übrig, was ein Aufbinden der Veredelungsstelle überflüssig werden lässt.

Wundverschlussmittel

Die offenen Schnittflächen der Veredelungen müssen, bis auf wenige Ausnahmen (Okulationen und passgenaue Chipveredelungen), mit einem Wundverschlussmittel abgedichtet werden. Hierzu benutzt man Veredelungswachs. Durch überlappende Veredelungsgummiwicklungen, Klebeband oder spezielles Buddytape wird dieses allerdings redundant. Besonders effizient ist der Wundverschluss- oder auch Parafilm.

Er ist selbsthaftend und wird vor allem bei Veredelungsmethoden ohne viel Druckausübung benutzt. Er vereint die Eigenschaften von Veredelungsband und -wachs in sich, so dass nach dem Verbinden kein Verstreichen notwendig ist. Bienenwachs oder Paraffin ist für Veredelungen im Haus besser geeignet als für Veredelungen im Freien, denn er reagiert sensibel auf Temperaturen und lässt sich bei zu niedrigen Temperaturen nicht gut streichen. Andere Baum- und Veredelungswachse sind weniger temperaturempfindlich und kommen mit einer Streichbürste – so können sie auch leichter im Freien angebracht werden.

Baumschere oder Rebschere

Für die Ernte des Edelreises brauchst Du eine Baumschere. Diese kann auch zum Vorbereiten der Unterlage nützlich sein. Sollte diese später gepflegt werden, ist es noch einmal besonders wichtig, dass die Schere ausreichend scharf ist. Eine ideale Schere schneidet nach Bypass-Prinzip: anders als beim Amboss-Schnittprinzip wird der Ast hierbei nicht gequetscht.

Handsäge oder Astsäge

Beim Rinden- und Spaltpfropfen benötigst Du eine scharfe Handsäge. Gerade modernere Zugsägen schneiden so glatt, dass nicht noch einmal mit einem scharfen Messer nachgeschnitten werden muss. Eine Bügelsäge hat jedoch den Vorteil, besser an alle Stellen heranzukommen, da ihr Sägeblatt dünn und verstellbar ist.

Teleskopschere

Teleskopscheren sind Astscheren, die zum Schneiden an großen Bäumen verwendet werden. Sollten Deine Edelreiser auf besonders großen Bäumen wachsen, lohnt es sich, diese mit der Teleskopschere zu entfernen. Dadurch erübrigt sich eine Leiter, ohne dass man sich selbst einem größeren Risiko aussetzen müsste.

Leiter

Um alle Stellen zu erreichen, kann es nicht schaden, eine entsprechend große Leiter zu besitzen. Die Leiter sollte Erdspitzen haben, damit sie sicher steht und kein Unfallrisiko darstellt.

Schleifsteine

Um die Schärfe Deiner Werkzeuge jederzeit verbessern zu können, lohnt sich eine kleine Investition in entsprechende Schleifsteine. Das Schleifen sollte außerdem geübt werden, um zu vermeiden, dass man die Werkzeuge kaputt macht.

Unerlässlich	**Von Vorteil**
Veredelungsmesser: Hippe, Kopuliermesser, Okulationsmesser	Baumschere bzw. Rebschere
Verbandmaterial: Bast, Okulations-Schnellverschlüsse, Klebebänder, Veredelungsgummis	Handsäge bzw. Astsäge
Wundverschlussmittel: Veredelungswachs, Klebebänder, Veredelungsfilm	Leiter
	Schleifsteine
	Teleskopschere

Praxistipp: Eine Übersicht – Das solltest Du beachten

- Arbeite immer mit sauberem Material und versuche, sorgfältige Schnitte zu setzen, um Infektionen zu vermeiden.
- Investiere in gutes Werkzeug, da es länger hält und sauberere Arbeit ermöglicht.
- Desinfiziere Deine Werkzeuge, indem Du die Klingen mit gereinigtem Alkohol und Feuer sterilisierst.
- Bei der Veredelung mit Unterlagen aus unbekannter Herkunft solltest Du die Klingen auch zwischen den Sorten desinfizieren.

Edelsorte und Unterlage: Ein starkes Duo

Da bei der Veredelung zwei Pflanzen zusammengeführt werden, gibt es Termini, um diese auseinanderzuhalten. Man unterscheidet zwischen der Edelsorte und der Unterlage.

Edelsorten

Die Edelsorte ist die Pflanze, die erhalten werden soll. Diese Sorte unterscheidet sich in einigen Merkmalen von anderen Sorten ihrer Art. Das können zum Beispiel Farbe, Menge, Größe oder Musterung von Früchten, Blättern oder Gehölz sein. Man kann diesen Begriff in etwa mit dem „Rasse"-Begriff in der Tierzucht vergleichen. Sie bilden Früchte oder Blüten und sind häufig sehr widerstandsfähig gegenüber Blattkrankheiten.

Edelreiser

Das für die Veredelung verwendete, wenige Zentimeter lange Teilstück der Rute einer Edelsorte nennt man Edelreis. Die Knospe eines Edelreises ist das Edelauge. Für die meisten geläufigen Sorten bekommt man Edelreiser in der Baumschule. Einige Baumschulen verschenken diese oder geben sie für eine Spende ab, andere verkaufen diese auch. Wer etwas speziellere Edelsorten benötigt, kann auch bei regionalen oder lokalen Obst- und Gartenbauvereinen (OGV) um Vermittlung an andere Hobbygärtner bitten, die diese Edelreiser gegebenenfalls besitzen. Für die Erhaltung eines eigenen Baumes kann man die Edelreiser einfach selbst ernten. Wenn Du Deine eigenen Edelreiser erntest, empfiehlt es sich, diese ordentlich zu beschriften, damit Du nicht durcheinander kommst.

Wenn Du im Spätwinter bis Frühjahr veredelst, werden die Reiser bestenfalls in der sogenannten Vegetationsruhe geschnitten. Diese ist von Dezember bis Februar. In diesem Fall solltest Du die Reiser bis zur Anwendung feucht und kühl lagern. Wenn die Reiser erst im Sommer genutzt werden, ernte sie am besten kurz vor der Veredelung.

Ernte

Kräftige und gerade Triebe, die mindestens bleistiftdick und in etwa 30 cm lang sind, eignen sich am besten als Edelreiser. Sie sollten außerdem erst im letzten Jahr gewachsen und gut besonnt worden sein. Die Spitze ist nicht besonders gut als Reis geeignet, da sie sehr dünn sein kann und häufig nicht über so viele Reservestoffe verfügt wie die kräftigeren Teile des Triebes. Stattdessen eignet sich das untere oder aber das mittlere Drittel des Triebes sehr gut für die Veredelung. Ist der Trieb zu sehr verzweigt, ist er meistens älter als ein Jahr und daher eher ungeeignet. Dasselbe gilt für Fruchttriebe, die über Blütenknospen verfügen. Blüten produzieren Hormone, die das Wachsen behindern können, wodurch die Verwachsung, und somit die Veredelung, schnell misslingt.

Wenn Du im Sommer mit der Veredelung beginnst, werden diesjährige Triebe verwendet. Sie sollten gut gereift sein, was man daran erkennt, dass die Triebspitze abbricht, wenn sie umgeknickt wird. Wenn der Reis noch unreif ist, wird er stattdessen gequetscht. Beim Sommerreiser sollten außerdem die Blätter abgeschnitten werden.

Unterlagen

Die Unterlage ist das Gegenstück zur Edelsorte und meistens eine robuste Wildart. Wildsorten nennt man diejenigen Pflanzen, die frei in der Natur vorkommen. Die Unterlage sollte vor allen Dingen resistente Wurzeln besitzen und widerstandsfähig gegenüber Schädlingen sein, die im Boden vorkommen. Dazu gehören die oben bereits erwähnten Nematoden, Viren und Wurzelpilze. Meistens weisen sie außerdem eine gewünschte Wachstumsart auf, die den Zielen der Veredelung entspricht. Die Unterlage bietet dem Baum die Wurzeln, sie wird zumeist aus Samen gezogen, kann aber auch vegetativ vermehrt werden. Sie gibt der veredelten Pflanze Nährstoffe und Wasser. Auch ist die Unterlage dafür verantwortlich, wie der veredelte Baum wachsen wird; sie kann darüber entscheiden, wie hoch die Qualität der Früchte ist (unabhängig von Sorte/Geschmack). Ein wild gewachsener Wurzelschössling bildet ein großes Risiko, da man dessen Eigenschaften nicht genau kennt. Daher benutzen die meisten Gärtner gezüchtete Unterlagen.

Definition: Vegetative und generative Vermehrung

In der Biologie unterscheidet man zwischen zwei Formen der Vermehrung: die sogenannte geschlechtliche (generative) und die nicht-geschlechtliche (vegetative) Vermehrung. Die meisten Tiere pflanzen sich geschlechtlich fort, das heißt, zwei Erbanlagen werden miteinander (re-)kombiniert. Auch viele Pflanzen vermehren sich generativ, indem die Blüten über Pollen bestäubt werden. Die meisten Bäume tragen sowohl „männliche", bestäubende als auch „weibliche", fruchttragende Anlagen auf demselben Baum oder sogar in derselben Blüte. Veredelung ist eine Form vegetativer Vermehrung, da dabei ein einzelnes Erbgut erhalten bleibt und nicht mit einem anderen kombiniert wird.

Edelsorte und Unterlage müssen über ihre eigenen Merkmale hinaus aber auch zueinander passen. Immerhin müssen diese zwei nach der Veredelung eine ganze Zeit lang zusammen sein. Die Edelsorte wird auf die Unterlage gesetzt, damit die Pflanzen ein gemeinsames Wurzelsystem bilden. So vereinen sich ihre Eigenschaften zu einer resistenten, aber ertragreichen Gesamtheit.

Unterlagen sind, genau wie die Edelsorten, am besten in Baumschulen erhältlich. Diese sollte man vorzugsweise im Winter kaufen, da die Stämmchen dann besonders „nackt“ sind. Die Unterlage darf aber erst gepflanzt werden, sobald kein Bodenfrost mehr besteht.

Um eine geeignete Unterlage zu finden, musst Du vorher eine Bestandsaufnahme in Deinem Garten machen. Du solltest wissen, wie der Boden beschaffen ist. Die Baumschule muss zwecks Bereitstellung einer passenden Unterlage außerdem wissen, in welcher Region Dein Garten liegt. Sowohl Himmelsausrichtung spielt eine Rolle als auch die Beschaffenheit des Bodens. Du solltest Dir vorher Gedanken darüber machen, wie groß der Baum werden soll und wofür Du ihn nutzt. Hierzu kannst Du Dir die nachfolgenden Fragen stellen:

- Willst Du die Früchte ernten oder soll der Baum in erster Linie Schatten spenden?
- Ist die Größe des Baums von Bedeutung oder dass er viele Blüten trägt?
- Wann sollen die Früchte geerntet werden?

Definition: Bodenbeschaffenheit

Man unterscheidet grob zwischen Sand-, Lehm/Sand- und Lehmböden. Sandböden sind sogenannte „leichte“ Böden, die krümelig und locker sind. Lehmböden sind schwere Böden, sehr fest und klebrig und Lehm/Sandböden „mittelschwer“, also eine Mischung aus den beiden anderen. Du kannst Deine Bodenbeschaffenheit ganz leicht erkennen, indem Du etwas Erde aus Deinem Garten in der Hand zusammenrollst. Erde aus Sandböden zerfällt, Erde aus Lehmböden ist klebrig. Hält die gerollte Kugel oder Wurst gut zusammen und ist glatt, handelt es sich um einen Lehm/Sandboden, der ein besonders idealer Gartenboden ist.

Passung von Edelreis und Unterlage

Es gibt auch unter den Pflanzen kompatiblere Sorten und solche, die eher eigensinnig sind. Wenn Du einen Apfel veredeln willst, so ist dies recht unkompliziert in Bezug auf die Unterlage, da dieser sehr unkompliziert ist. Bei anderen Pflanzen ist dieser Vorgang schwieriger. Einige können nur mit einer ganz bestimmten Unterlage veredelt werden. Als Faustregel gilt: Je enger der Verwandtschaftsgrad zwischen den Pflanzensorten ist, desto besser funktioniert die Veredelung.

Auf einen Blick:

Aufbau einer Pflanze

Die für die erfolgreiche Veredelung entscheidende Schicht im Baum oder in der Pflanze ist das *Kambium*. Bei Pflanzen bezeichnet man als *Rinde* alle Schichten bis zum Kambium. Bei Bäumen sind das Bastschicht und Borke, bei Blumen die Epidermis und das darunterliegende Gewebe.

Exkurs: Vegetative Vermehrungsmethoden

Neben der Pflanzenveredelung gibt es einige wenige andere Möglichkeiten der vegetativen, also ungeschlechtlichen, Vermehrung. Zum besseren Verständnis der Veredelung als Vermehrungstaktik alter Sorten gibt es hier einen kleinen Überblick über die verschiedenen vegetativen Vermehrungsmethoden von (Obst-) Bäumen.

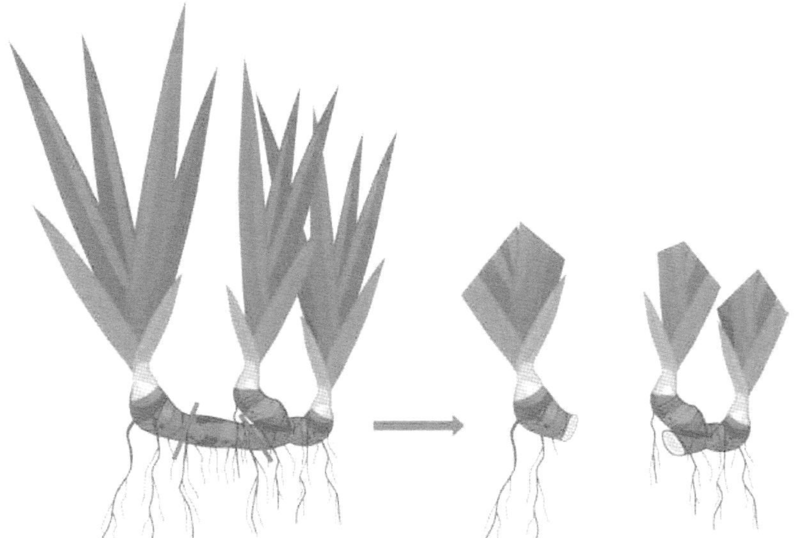

Die meisten Obstgehölze wachsen in Baumschulen. Die Baumschulen sind darauf spezialisiert, Pflanzengesundheit sowie Qualität und Sortenechtheit der Obstbäume zu gewähren. Allerdings können Bäume auch sehr gut selbst vermehrt werden. Neben der Veredelung einer Edelsorte auf einer Unterlage gibt es auch die Möglichkeit, Teile von Pflanzen zur Bewurzelung zu bringen.

Diese Vermehrungsmethoden finden normalerweise im Winter (Januar) oder Frühjahr statt. Die klassischsten Varianten der Vermehrung sind Teilung, Wurzelschnittling und Steckholz.

Bei der **Teilung** werden aus einer Pflanze ein oder mehrere Nachkommen gezüchtet. Diese sind bewurzelt. Die Teilung gehört zu den ältesten Vermehrungsmethoden und ist eine bis heute bewährte Taktik. Zur Teilung gehört die Vermehrung via Abrisse oder Absenken. Bei der Verwendung von Abrissen wird die Hauptpflanze zurückgeschnitten, und zwar auf bis zu 10 cm über dem Boden. Danach wird die Pflanze angehäufelt, also Erde um sie herum gehäuft. Dadurch kann sich ein Neuaustrieb im Frühling an der Basis bewurzeln.

Definition: Anhäufeln

Anhäufeln ist eine Technik beim Gärtnern, um Pflanzen in ihrem Wachstum zu unterstützen. Dabei wird etwa zwei Wochen nach dem Einpflanzen der Pflanze Erde um die Stielgegend herum angehäufelt. Das Anhäufeln feuchter Erde hilft der Pflanze dabei, ihre Seitenwurzeln auszubilden und so gesünder und schneller zu wachsen. Bei Gemüse wird relativ häufig Erde angehäufelt, aber auch bei Rosen findet das Anhäufeln häufig Verwendung.

Die Pflanze wird im Laufe des Jahres mehr angehäufelt, so dass die Bewurzelung einfacher stattfinden kann. Die dadurch entstehenden Neutriebe werden im selbigen Herbst geerntet, indem sie abgerissen oder abgeschnitten werden. Diese Abrisse können neu eingepflanzt werden. Eine Mutterpflanze erzeugt in der Regel 10 bis15 Nachkommen. Sogenannte Absenker sind Triebe, die entfernt von der Wurzel liegen und in den Boden gesetzt werden, ohne dass sie Wurzeln besitzen. So kann ein mit dem Baum verbundener Ast in die Erde gelegt werden, bis er Wurzeln bildet. Die Sprossen müssen allerdings biegsam genug sein, um in der Erde fixiert zu werden. Außerdem lassen sich mit dieser Methode wesentlich weniger Nachkommen erzeugen.

Wie der Name schon verrät, braucht man für **Wurzelschnittlinge** lediglich ein Stück der Wurzel der Mutterpflanze. Mithilfe eines Vermehrungssubstrates kann dieses Wurzelstück in die Erde gesteckt und dann abgedeckt werden. Aus den Wurzeln bildet sich dann eine eigenständige Pflanze. Mit dieser Methode werden beispielsweise Stauden vermehrt.

Die **Steckholzvermehrung** ist die einfachste Form der vegetativen Vermehrung: Sie kann bei vielen verschiedenen Gehölzen angewendet werden und benötigt weder große Vorbereitung noch intensive Pflege. Bei der Steckholzvermehrung werden diesjährige Triebe Ende Herbst und Anfang Winter in einer Länge von ca. 20 cm abgeschnitten. Diese werden über den Winter kühl gelagert und im Frühjahr in den Boden gesteckt. Ungefähr 2/3 des Steckholzes sind dabei von Erde verdeckt und die oberste Knospe schaut heraus. Steckhölzer bewurzeln sich normalerweise von selbst und treiben problemlos aus. Im Herbst werden die Jungpflanzen nach erfolgreicher Bewurzelung an den Ort gepflanzt, an dem sie gedeihen sollen.

Die Veredelung hat im Vergleich zu diesen Vermehrungsmethoden mehrere wesentliche Vorteile. Zum einen ist die Ernte meist schon in den auf die Veredelung folgenden zwei Jahren möglich, da die Unterlage über ein gut ausgebreitetes und kräftiges Wurzelwerk verfügt. Dieses Wurzelwerk bringt auch den Vorteil mit sich, dass der veredelte Baum Stärken hat, welche die Edelsorte grundsätzlich nicht hat. Ein veredelter Baum ist krankheitsresistenter, widerstandsfähiger und oft erträglicher als die alte Sorte. Andere vegetative Vermehrungsmethoden „kopieren" lediglich die alte Pflanze ohne wesentliche Verbesserungen. Eine Veredelung ist außerdem vielfältig möglich, so dass auf einem Baum sogar mehrere Pflanzen veredelt werden können. Grundsätzlich findet die Veredelung daher oft dann statt, wenn Standorteigenschaften nicht optimal zur Sorte passen oder eine schnelle und problemlose Ernte gewünscht ist.

Die Grundlagen der Veredelung in 4 Schritten

Ob eine Veredelung erfolgreich ist, hängt von vielen verschiedenen Faktoren ab. Entscheidend ist aber, dass Unterlage und Edelreis möglichst schnell zusammenwachsen. Dazu ist ein unmittelbarer und lebendiger Kontakt zwischen den beiden Pflanzen nötig.

Das Verstehen der Mechanismen der Veredelung kann dabei helfen, Fehler bei der Durchführung zu vermeiden und Risikofaktoren schneller zu erkennen. Dazu sind Grundkenntnisse der zu veredelnden Pflanzen notwendig.

Grundsätzlich funktioniert die Veredelung folgendermaßen:

Aufsteigender Saft aus der Unterlage gelangt in die Adern des Edelreises, die aus *Phloemen* und *Xylemen* bestehen. Dadurch wird das Edelreis genau wie die Unterlage versorgt. Darauffolgend wächst neues Gewebe von beiden Seiten nach, das sich im Falle einer erfolgreichen Veredelung miteinander verbindet und dann verwächst. Genau wie bei einem chirurgischen Eingriff in den menschlichen Körper ist daher äußerste Präzision im Umgang mit den pflanzlichen Bauteilen vonnöten.

Definition: Phloem und Xylem
Als *Phloeme* bezeichnet man diejenigen Pflanzenteile, die für die Nährstoffversorgung der Gesamtpflanze verantwortlich sind. Über Phloeme werden vorwiegend Zucker und Aminosäuren transportiert. Sie sind Teile der *Nährstoffleitungen*, gemeinsam mit dem *Xylem*, welches unter anderem Wasser transportiert. Beim Baum ist dies der Bast. Das Xylem transportiert dieses aus den Wurzeln in die Blätter, während das Phloem die in der Photosynthese hergestellten Stoffe aus den Blättern heraustransportiert.

Merke:
Bei erfolgreicher Veredelung vernetzt sich das Gewebe beider Pflanzen, sodass das Edelreis durch die Unterlage versorgt wird.

AUFBAU UND FUNKTION EINER PFLANZE

So verschieden sie auch sind, so ähnlich sind Pflanzen doch aufgebaut. Gerade Bäume und Blumen unterscheiden sich drastisch in ihrem Aussehen, die Grundlagen der Veredelung sind bei ihnen dennoch (fast) gleich.

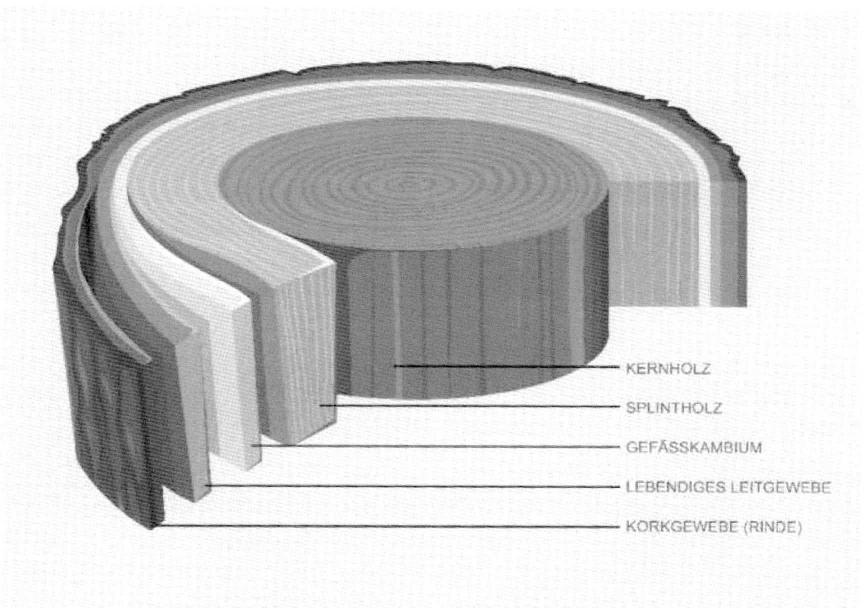

Borke

Die Borke ist die äußerste Schicht bei Bäumen (bei Blumen nicht vorhanden). Sie besteht vollständig aus totem Gewebe und wird im Volksmund auch öfter „Rinde" genannt. Dieser Begriff ist insofern falsch, als die Rinde alle Gewebe außerhalb des Zentralzylinders (also dem eigentlichen Inneren) des Holzes bezeichnet. Das ist für die Veredelung von Bedeutung, da einige Techniken „hinter der Rinde", andere wiederum nur durch einen Schnitt in die Rinde stattfinden. Entscheidend ist, dass Rinde hier keinesfalls nur die Borke bezeichnet.

Die Borke hat vor allen Dingen die Funktion, das Holz vor Austrocknung, Infektionen, mechanischen Schäden, Feuer und natürlichen Fressfeinden zu schützen.

Bastschicht

Im Gegensatz zur Borke besteht die Bastschicht aus lebendem Gewebe. In ihr werden Kohlenhydrate transportiert, die während der Photosynthese entstehen. Durch die Bastschicht gelangen diese sogenannten Assimilate in die Teile der Pflanze oder des Baumes, die kein Chlorophyll besitzen. Bei einer Blume wie der Rose spricht man statt von der Bastschicht meistens von der Rinde.

Bildungsgewebe (Kambium)

Das Bildungsgewebe ist die entscheidende Schicht für eine erfolgreiche Veredelung. Sie wird auch *Kambium* genannt und ist als einzige Schicht dazu in der Lage, neues Gewebe aufzubauen. Im Bildungsgewebe wird sowohl nach außen Bast aufgebaut als auch nach innen Splintholz (bzw. im Zentralzylinder). Ziel der Veredelung ist es deshalb, dem Kambium der beiden Pflanzen so gut wie möglich zu ermöglichen, neues Gewebe aufzubauen.

Splintholz

Das Splintholz liegt unterhalb des Kambiums und ist eine physiologisch aktive Schicht im Baum. Seine Zellen leben und sorgen dafür, dass die Baumkrone und alle weiteren Bereiche der Pflanze mit Nährsalzen und Wasser versorgt werden. Dies geschieht über die sogenannten *Saftbahnen*.

Kernholz

Bei Bäumen gibt es als innerste Schicht das *Kernholz*. Dieses besteht aus abgestorbenem und gehärtetem Splintholz und ist vor allem dafür verantwortlich, Stabilität in dem Baum zu erzeugen. Im Querschnitt zeichnet sich das Kernholz in seiner Farbgebung dunkler vom Splintholz ab.

Unverträglichkeiten beim Veredeln – Das solltest Du wissen

Es kann vorkommen, dass zwischen Sorten derselben Art eine Veredelungs-Unverträglichkeit auftritt. Hier werden schlechtere Entwicklung und schlechterer Ertrag bis hin zum Absterben auch bei bereits ausgewachsenen Bäumen beobachtet. Gelegentlich beobachtet man das Abbrechen ausgewachsener Bäume direkt an der Veredelungsstelle. Auch dann ist von einer Unverträglichkeit auszugehen. Es gibt allerdings Wege und Möglichkeiten, diese Unverträglichkeiten im schlimmsten Fall zu behandeln und zu beheben. Hierzu könntest Du dir beispielsweise die Informationen zu den Themen **Zwischenveredelung** und **Umveredelung** oder auch die Methode des **Nicolierens** anschauen, bei der die Unverträglichkeit durch die Zwischenveredelung aufgehoben wird. So wurden versuchsweise schon jüngere Bäume mit beobachteten Unverträglichkeiten noch nachträglich mit einer Rindenübertragung einer bekanntermaßen verträglichen Sorte behandelt.

Schritt 1

Bei der Veredelung wird das Kambium des Edelreises mit dem Kambium der Unterlage in Verbindung gebracht. Dabei wird das Edelreis auf die Unterlage aufgepfropft, so dass das Kambium des Edelreises auf dem Kambium der Unterlage liegt.

Die normale Reaktion einer Pflanze mit Schnittwunde ist, dass die Zellen entlang dieser sterben und zu nekrotischem, also totem, Gewebe werden. Die überlebenden Zellen in der darunterliegenden Schicht reagieren, um die Wunde zu heilen. Sie scheiden entweder *Suberin* aus, eine gummiartige Substanz, welche die Pflanze vor übermäßigem Wasserverlust und dem Eindringen von Krankheiten und Insekten schützt, oder aber die Zellen werden angeregt, sich zu teilen und eine Masse neuer Zellen zu produzieren, um die Wunde zu bedecken und zu schützen. Diese Masse der neuen Zellen wird *Kallus* genannt.

Das Herausschneiden von Suberin erfolgt schnell, das Produzieren von Kallus dauert wesentlich länger, meist sogar Jahre.

Bei einer geglückten Veredelung verhält sich die Schnittwunde aber entsprechend anders: Der Edelreis ist so eng mit der Unterlage verbunden, dass die Pflanze geschützt ist und daher anders reagiert. Sie beginnt mit der Zellteilung schon innerhalb weniger Tage und bildet einen Kallus an undifferenzierten Zellen. Kurz gesagt: Es entwickelt sich ein Intermediärgewebe aus dem Kambium der Unterlage.

Definition: Intermediärgewebe

Mit dem Begriff des Intermediärgewebes wird das Zwischengewebe beschrieben, das zwei unterschiedliche Gewebearten miteinander verbindet.

Definition: Kallus

Im Kontext der Veredelung ein Wundgewebe, das natürlicherweise sehr viel Zeit braucht, um zu wachsen. Durch die Veredelung wächst es schon nach einigen Tagen am Kambium der Unterlage.

SCHRITT 2

Die Kalluszellen differenzieren sich nun weiter und bilden Zellen mit spezialisierter Form- und Funktionsreifung von neuem Kambium, Xylem und Phloem. Sie füllen dadurch vollständig den Hohlraum zwischen den beiden Pflanzen mit Intermediärgewebe. Dies bildet die Voraussetzung für die Entstehung von differenzierterem Gewebe. Der Kallus wächst sowohl auf der Unterlage als auch auf dem Edelreis.

SCHRITT 3

Nun beginnt sich außen eine Haut zu entwickeln, die auch Periderm genannt wird. Diese ersetzt die durch den Schnitt verwundete und zerstörte Epidermis der Pflanze. Das Gewebe, das sich aus dem Kambium der Unterlage und des Edelreises gebildet hat, beginnt, miteinander zu verwachsen und eine sogenannte *Kallusbrücke* zu bilden. Diese besteht zunächst nicht aus Kambium, sondern aus *Parenchymzellen*.

Definition: Parenchymzellen

Diese Zellen sind für gewöhnlich im Palisaden- und Schwammgewebe von Pflanzen beziehungsweise im Splintholz des Baumes beheimatet. Sie werden vom Kambium der Unterlage und des Edelreises entwickelt und bilden den Kallus. Das Intermediärgewebe besteht aus Parenchymzellen, das darauffolgende differenzierte Gewebe aus Kambium.

SCHRITT 4

Sobald diese Verbindungen gebildet sind, beginnt das Kambium, neues Xylem und Phloem zu initiieren. Zusätzliche Parenchymzellen auf beiden Seiten des Kambiums können sich in Xylem und Phloem differenzieren, bis eine Verbindung zwischen Xylem, Kambium und Phloem über die Kallusbrücke hinweg gebildet wurde. Die Differenzierung von Xylem und Phloem ist schneller, wenn die Kambiumschichten eng aneinandergereiht sind. Gerade deshalb ist es so wichtig, eine gute Kambium-zu-Kambium-Ausrichtung zwischen Reiser und Wurzelstock zu erreichen. Dies fördert die Entwicklung von Kambiumzellen, die sich in die Kallusbrücke differenzieren. Diese neuen Kambiumzellen sind das neue Holz und somit das gewünschte Ziel der Veredelung. Insgesamt dauert die Veredelung zwischen zwei und vier Wochen

Übersicht Veredelungsmaßnahmen

Wie genau wird nun eigentlich veredelt? An dieser Stelle wirst Du erfahren, welche unterschiedlichen Veredelungsmaßnahmen es gibt und wann man sie anwendet. Neben einer übersichtlichen Schritt-für-Schritt-Anleitung findest Du hier auch
Anwendungszeitpunkt, -voraussetzungen und -schwierigkeiten.

Grundvoraussetzungen und Vorbereitungen

Unabhängig von der von Dir gewählten Veredelungsmethode gibt es einige Grundvoraussetzungen, die vor der Veredelung erfüllt werden sollten. Dazu gehören zunächst einmal die Qualität und Beschaffenheit der Edelreiser.

Um ein gutes Veredelungsergebnis zu erzielen, sind sortenechte Edelreiser notwendig. Sie sollten außerdem von hoher Qualität sein. Einjährige Ruten sind optimal. Die Stärke der Rute sollte in etwa 5-10 mm betragen – das entspricht in etwa der Dicke eines Bleistiftes. Die Unterlage sollte gleich stark oder stärker sein. Die Qualität des Edelreises lässt sich relativ unkompliziert überprüfen. Mittels eines einfachen Biegetests kannst Du herausfinden, ob dein Reis geeignet ist. Dazu musst Du den Reis leicht biegen, ohne zu viel Kraft aufzuwenden. Die Rute sollte elastisch sein. Wenn sie abknickt, ist sie zu weich. Ein zu weicher Edelreis hat den Nachteil, dass die Knospen eintrocknen können, bevor sie durch die Veredelung mit genügend Nährstoffen versorgt werden. Wenn der untere Teil des Reises sich nicht mehr biegen lässt, ist er auch nicht geeignet. Das spricht für eine weit vorangeschrittene Verholzung der Rute und einen zu harten Edelreis. Bei einem zu harten Edelreis ist es schwieriger bis gar nicht mehr möglich, effektive Schnitte zu setzen.

Einjährige Reiser treiben gleichmäßiger aus und verwachsen besser als jüngere und ältere Reiser. Allerdings ist es auch möglich, älteres Holz beziehungsweise ältere Pflanzen zu veredeln. Dies wird zum Beispiel dann gemacht, wenn besonders seltene Sorten veredelt werden sollen und die Gefahr besteht, bei zu langem Warten die Sorte nicht halten zu können. Die Triebe können dann auch 2- oder 3-jährig sein. Diese nutzen sich auch besser, wenn die jüngeren Reiser sehr dünn und zerbrechlich sind. Älter als drei Jahre sollten die Triebe aber möglichst nicht sein. Achte so oder so auf die Rinde, denn diese sollte schön glatt sein. Die Seitentriebe eines Reises werden auf 2 bis 3 mm gekürzt. Diese sogenannten „Augen“ werden etwas verspätet treiben, aber bleiben dennoch „lebendig“.

Praxistipp: Biegetest

Biege deinen Reis leicht und schaue, wie jeweils das untere und obere Ende reagieren. Knickt der obere Teil zu leicht ab, ist der Reis zu weich, lässt sich der untere gar nicht biegen, ist er zu hart.

Bei der Veredelung im Sommer werden die Reiser üblicherweise frisch geschnitten, dann kühl gelagert und anschließend rasch veredelt. Die Veredelung sollte spätestens 3 Tage nach Schnitt vollzogen werden. Im Winter kann genauso verfahren werden. Reiser können aber auch gelagert werden.

In diesem Fall sollten sie zwischen Dezember und Februar geschnitten und dann kühl gelagert werden. Das Wichtigste bei der Lagerung ist, dass die Edelreiser nicht austrocknen oder vorzeitig zu treiben beginnen. Deshalb sollten sie kühl, feucht und frisch gehalten werden, nicht aber nass oder zu trocken. Der Edelreis kann dazu beispielsweise in ein feuchtes Handtuch gewickelt werden. Ist das Edelreis so bedeckt, kann ihm auch Frost nichts anhaben.

Wenn das Edelreis lange gelagert wird, bis März oder April, muss daher ein geeigneter Lagerplatz gewählt werden. Hierbei kann man auch kreativ werden: Neben der Garage und dem Keller eignet sich auch ein Kühlschrank, sofern das Edelreis durch eine Plastiktüte oder Ähnliches geschützt ist. Auch Zeitungen und Säcke können verwendet werden oder Du lagerst das Edelreis im Schnee. Achte aber auch darauf, dass dein Edelreis nicht von kleinen Tieren wie Mäusen entdeckt und angeknabbert wird.

Praxistipp: Lagerung

Einige Pflanzen sind anfälliger für bestimmtes Verhalten als andere. So sind Kirschen, Quitten, Mandeln und Birnen bekannt dafür, schnell auszutreiben, weswegen sie sorgfältig gelagert und rechtzeitig verarbeitet werden müssen. Edelkastanien und Pfirsiche sind bei Winterveredelung schwieriger zu verarbeiten, während die Walnuss bei Kopulation in Winterruhe veredelt wird. Dies ist allerdings nur mit den richtigen Mitteln möglich und sehr selten erfolgreich.

Die Unterlage wird unterdessen für etwa 3 Wochen bei Zimmertemperatur in einem Topf gehalten, sofern es sich nicht um ein Bäumchen handelt. Da die Merkmale der veredelten Frucht (oder Blüte) jeweils von der Edelsorte bestimmt werden, die Größe, Standfestigkeit, Ernte und Lebensspanne aber von der Unterlage bestimmt werden, sollte man dieser auch einiges an Aufmerksamkeit widmen.

Bei Bäumen mit Hoch- oder Halbstämmen muss Deine Unterlage starkwüchsig sein. Sie sollte auch in einem trockenen Sommer gut durchkommen und auf nicht besonders erträglichen Böden gedeihen. Standfestigkeit, beispielsweise gegen Stürme, ist darüber hinaus von Vorteil. Schwächere Unterlagen können bei kleineren Bäumen verwendet werden. Diese benötigen dann aber auch einen guten Boden und ein höheres Ausmaß an Pflege.

Definition: Stammformen

Man unterscheidet bei Bäumen zwischen drei verschiedenen Stammsorten: Hochstamm, Halbstamm und Buschbaum. Dem Namen nach sind Hochstämme solche Bäume, die besonders hoch wachsen können, während der astfreie Stamm von Buschbäumen nur zwischen 40 und 80 cm hoch wird. Ein Halbstamm-Obstbaum verfügt über eine Mischform der beiden anderen Stammformen und hat einen astfreien Stamm von bis zu 120 cm. Viele Obstbäume gibt es sowohl als Halb- als auch als Hochstammform, wie beispielsweise den Apfel.

Eine lange Zeit war es auch üblich, die Unterlagen für die Edelreiser selbst auszusäen und wachsen zu lassen. Dieser Vorgang benötigt ungefähr 1 bis 3 Jahre und ist somit eine Geduldsprobe. Auch Wildformen werden immer wieder gerne verwendet, auch wenn hier einiges an Risiko mitspielt. Die Veredelung sollte aber auf starken Trieben stattfinden, da selbst bei erfolgreicher Veredelung später Probleme mit der Nährstoffzufuhr entstehen können.

Abseits von Unterlage und Edelreiser sind grundlegende Vorkehrungen vor der Veredelung anzutreffen: Die zu veredelnde Pflanze soll „abgeworfen“ werden. Dies gilt vor allen Dingen für Bäume.

Definition: Abwerfen

Abwerfen bedeutet in diesem Kontext, dass die Krone zurechtgeschnitten wird. Kürze die Äste der Krone in Form einer Pyramide ein. Dünnere und kürzere Äste, sogenannte *Zugäste*, werden stehen gelassen.

Denke auch daran, Messer und Scheren gründlich zu schärfen und zu reinigen, damit die Schnitte sauber verlaufen und besser halten. Brennspiritus ist ein gutes Desinfektionsmittel für alle Werkzeuge.

Während des Veredelns wird das Messer immer zum Körper hin und nicht von ihm weg geführt. Grundsätzlich gilt: Das Edelreis wird in Bauchhöhe mit der linken Hand gehalten (bei Rechtshändern). Mit der rechten Hand drückst Du das Messer in etwa derselben Höhe an das Edelreis und ziehst es währenddessen nach oben durch das Reis. Der Schnitt wird durch die Verwendung der gesamten Klingenlänge sauber. Arbeite immer schnell, da dies ebenfalls den Erfolg beeinflusst.

Checkliste: Vor der Veredelung

- Edelreiser sortenecht und bestehen den Biegetest
- Edelreiser bleistiftdick und etwa 1 Jahr alt (bzw. 2-3)
- Unterlage kräftig und für den Boden geeignet
- Edelreiser und Unterlage passen zusammen
- Bei Lagerung: Kühler und feucht-frischer Lagerplatz vorhanden
- Werkzeuge geschärft und desinfiziert
- Für die ausgewählte Art richtige Methode identifiziert
- Bei Obstbäumen: Unterlage abgeworfen

Die Methoden im Überblick

Nachdem Du nun weißt, welche Grundlagen unabhängig von der Veredelungsart wichtig sind, geht es an die Unterschiede zwischen den Veredelungsmethoden. Jede Veredelungsmethode hat einen spezifischen Anwendungsbereich und eine unterschiedliche Herangehensweise, die im folgenden Kapitel detailliert dargestellt werden.

Klassischerweise gibt es drei grundlegende methodische Unterschiede bei der Veredelung von Obstbäumen:

- die Wurzelhalsveredelung,
- die Kronenveredelung und Kopfveredelung sowie
- die Gerüstveredelung.

Die Veredelung von Obstbäumen

Methode	**Erläuterung**
Wurzelhalsveredelung	Umfasst alle Veredelungen, die am unteren Stamm der Unterlage durchgeführt werden.
Kronenveredelung	Der Stamm wird bei Halbstämmen auf etwa 120 cm, bei Hochstämmen auf 180 cm gekappt.
Gerüstveredelung	Der Stamm wird nicht gekappt, der Astwuchs jedoch eingeschränkt. Es wird auf einem Aststummel veredelt. Vorteil: mehr als nur eine Sorte kann veredelt werden.

Darüber hinaus wird zwischen Veredelungsmethoden, die ein Ablösen der Rinde erfordern, und solchen, die es nicht tun, unterschieden. Diese Unterscheidung ist insofern von Bedeutung, als erstere nur in der Vegetationsperiode durchgeführt werden können, während letztere auch in der Ruhezeit durchgeführt werden können. Zu den Veredelungsmethoden, bei denen die Rinde lediglich eingeschnitten wird, gehören:

- Geißfuß-Veredelung
- Kopulation
- Seitliches Anplatten
- Spaltpfropfen
- Chip-Veredelung

Veredelungsmethoden, bei denen sich die Rinde lösen muss, sind:

- Rinden-Pfropfen
- Dickrinden-Pfropfen
- Okulation oder Augenveredelung
- Nicolieren

Eine genaue Übersicht über die Methoden findest Du in den nachfolgenden Kapiteln, weswegen diese an dieser Stelle vorerst nicht weiter erläutert werden sollen.

Weitere grundsätzliche Tipps zur Veredelung

Kurze Reiser wachsen grundsätzlich besser an als lange Reiser. Wenn nur ein Trieb auf dem neuen Stamm wachsen soll, braucht das Reis nicht mehr als zwei oder drei Knospen (auch *Augen)*. Der kräftigste Trieb wird später aus ihnen herangezogen. Wenn Dein Reis auf eine starke Unterlage gesetzt wird, können aber sogar bis zu 5 Reiser auf einem Stamm veredelt werden. So erhöht man die Chancen, dass die Veredelung glückt.

Definition: Auge

Als Auge bezeichnet man eine kräftige, reife, aber noch nicht ausgetriebene Knospe.

Nach der erfolgreichen Veredelung wird normalerweise ein besonders kräftiger und gesunder Trieb ausgewählt, der zum Ast oder Stamm erzogen wird. Die restlichen Triebe werden eingekürzt und später zu Fruchtästen. Bei Obstbäumen braucht eine Veredelung ungefähr 2 bis 3 Jahre, bis das neu gezüchtete Bäumchen beständige Baumkronen und Äste gebildet hat. Währenddessen muss man das Bäumchen gut pflegen, vor Wildtieren sichern, betreuen und auch immer wieder zum Aufbau schneiden. Am besten ist es, etwa alle 14 Tage die Veredelungen zu kontrollieren. Zu den Aufgaben gehören außerdem das Anbinden des Langtriebes mit einem Stab, das Zurechtschneiden der anderen Triebe und das Entfernen von Wildtrieben unterhalb der veredelten Schnittstelle.

Welche Methode Du für das Veredeln Deiner Pflanze auswählst, ist letztlich von vielen Faktoren abhängig, so zum Beispiel von der Sorte, den individuellen Gegebenheiten vor Ort und der Jahreszeit. Grundsätzlich kann man aber sagen, dass, wenn die Pfropfköpfe, also die Unterlage, ca. doppelt so dick sind wie das Edelreis, das Geißfuß-Pfropfen die beste Methode ist. Ist der Pfropfkopf sehr viel dicker als das Edelreis, sollte hinter die Rinde gepfropft (Rinden oder Dickrinden-Veredelung) werden.

Definition: Pfropfkopf
Der Pfropfkopf ist der Teil der Unterlage, an welche das Edelreis veredelt wird.

GEISSFUSS-PFROPFEN

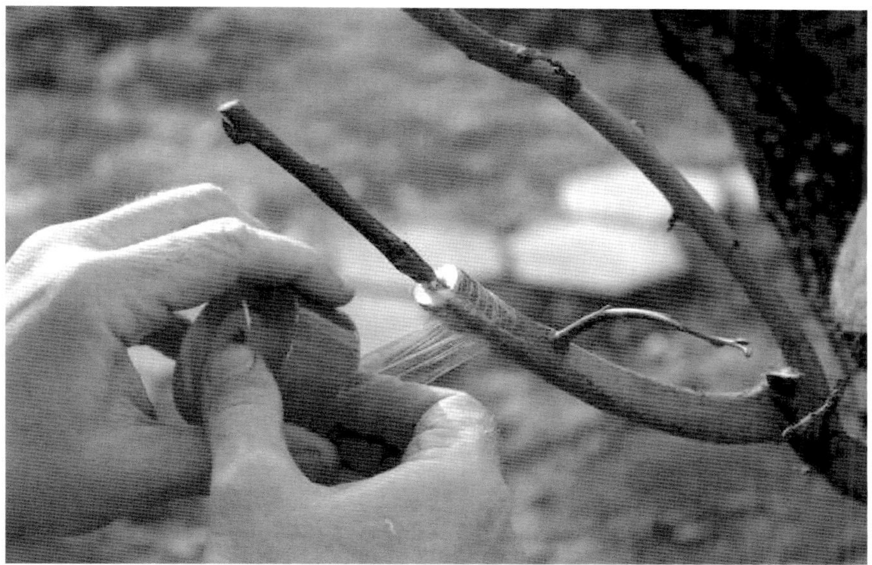

Überblick

Die Geißfuß-Veredelung ist die technisch anspruchsvollste Veredelung. Sie wird meistens bei Obstgehölzen genutzt und dann, wenn die Unterlage dicker als das Edelreis ist. Das Geißfuß-Pfropfen wurde entwickelt, um zwei ungleich große Veredelungspartner miteinander zu verknüpfen. Sie ist die beste Verbindung für einen Edelreis mit einer stärkeren Unterlage. Bei der Geißfuß-Veredelung werden 4 Schnitte gesetzt, die in Tiefe, Länge und Winkel passgenau aufeinanderpassen müssen. Im Inneren darf ein Hohlraum sein, doch die Rinde muss haargenau an die andere Rinde passen.

Als Daumenregel gilt, dass, sobald die Unterlage den Umfang eines Fingers überschreitet, statt einer Kopulation eine Geißfuß-Veredelung vorgenommen wird. Die Unterlage darf hierbei zwischen 2 und 10 cm dick sein.

Für die Durchführung der Geißfuß-Veredelung ist ein trüber, frostfreier Tag besonders geeignet.

Das Edelreis wird einige Tage vor der Veredelung geerntet. Dann wird es an einem geeigneten Lagerort kühl gelagert, am besten im kühlen Sand oder in kühler Erde. Dieser Schritt ist wichtig, weil frische Reiser meistens ein größeres Problem haben, anzuwachsen.

Das Geißfuß-Pfropfen kann bei freien und verwurzelten Unterlagen im Frühjahr (Februar bis April) und durch Handveredelung im Winter ausgeführt werden. Wird die Veredelung im Winter in der Hand durchgeführt, dürfen die Reiser noch nicht getrieben haben, sondern müssen sich in der Winterruhe befinden. Dazu kann die Unterlage dem Edelreis ähnlich in Erde und Kompost gelagert werden, bis sie im Frühjahr verpflanzt wird.

Definition: Handveredelung
Die Handveredelung bezeichnet die Veredelung von Pflanzen, die an nicht in der Erde verwurzelten, sondern ausgegrabenen Unterlagen durchgeführt wird. Sie wird auch Tischveredelung oder Zimmerveredelung genannt.

Wird die Veredelung an einer verwurzelten Pflanze durchgeführt, darf die Unterlage bereits getrieben sein. Dies gilt allerdings nicht für die Edelreiser, die nicht antreiben dürfen. Da die Methode Übung braucht, empfiehlt es sich hier besonders, die Schnitte an einem ähnlichen Gehölz zu üben. Am besten ist es, 2 bis 3 Edelreiser an die Unterlage anzubringen, um die Anwachschancen zu erhöhen.

Anleitung

1. Schneide am besten 2-4 Tage das Edelreis seines Trägers ab und lagere ihn kühl. Falls Du am selben Tag veredelst, schneide das Edelreis mit einer Hippe glatt ab. Das Edelreis sollte etwa 3 bis 5 Triebaugen besitzen. Bei bodennahen Veredelungen reichen 3 aus, bei Kronenveredelungen sollten es 4 oder mehr sein.

2. Schneide die Unterlage auf die Länge hinunter, auf der veredelt werden soll. Nutze dazu eine qualitativ hochwertige Schere oder eine feine Säge. Schneide mit einem scharfen Messer den Schnitt nach.

3. Glätte die Schnittstelle (Pfropfkopf) mit der Hippe. Dadurch heilt die Wunde schneller. Entferne Nebenäste und Zweige bis auf ein paar wenige. Diese übrig gebliebenen Äste dienen der Ableitung des Saftes aus dem Baum.

4. Nun schneidest Du in die Unterlage einen 3-4 cm langen Keil mit der Hippe. Achte darauf, dass der Schnitt glatt ist und sich der Ast nicht spaltet.

5. Schneide einen gegengleichen, langen Schnitt in das Edelreis. Die Schnitte am Edelreis und an der Unterlage sollten bestmöglich zusammenpassen.

6. Nun folgt der zweite Schnitt an der Unterlage. Dieser wird so gesetzt, dass er mit dem anderen Schnitt in einem Winkel von 45° bis 80° zuläuft und so einen kleinen Keil bildet. Auch nach unten hin sollten die beiden Schnitte einen Keil bilden, so dass nach fertigem Schliff ein Keil aus der Unterlage herausfällt.

7. Um den Schnitt durchzuführen, legst Du die Messerschneide schräg an den Stamm ran und drückst sie leicht in das Holz. Ziehe die Klinge leicht nach oben. Wiederhole den Vorgang so lange, bis der Keil mit der Spitze nach unten rausfällt oder rausgenommen werden kann. Der Keil sollte etwa 3 bis 4 cm lang sein. Diesen Keil nennt man auch Geißfuß, der Namensgeber für diese Methode.

8. Mit derselben Methode wird nun auch das Edelreis mit einem Gegenkeil versehen. Dieser muss passgenau in dem auf der Unterlage herausgeschnittenen Keil sitzen können. Damit sowohl Edelreis als auch Pfropfkopf besser verheilen können, sollte die Schnittstelle des ersteren 2 bis 3 mm länger sein als der Keil der Unterlage. Idealerweise sollte eine Knospe auf der gegenüberliegenden Seite des Gegenkeils sitzen, in ungefähr der Hälfte der Höhe des Keils.

9. Wichtig ist es auch, zu beachten, dass das Kambium der beiden Veredelungspartner aufeinanderliegen soll. Das Kambium ist an einer grünen Schicht in der Rinde zu erkennen. Zwischen dem Kambium der jeweiligen Partner darf kein Hohlraum entstehen. Da diese Passgenauigkeit von höchster Bedeutung für den Erfolg der Veredelung ist, ist die Geißfuß-Veredelung so schwierig durchzuführen.

10. Aufgepasst! Wenn die Unterlage eine dickere Rinde besitzt als das Edelreis, so wird das Edelreis nicht bündig mit dieser abschließen. Der Veredelungsgrundsatz Kambium auf Kambium entscheidet hier über die Passung: Das Edelreis muss unbedingt mit seinem Kambium in Kontakt mit dem Kambium der Unterlage sein. Wenn das Edelreis zu tief in dem Keil der Unterlage sitzt, misslingt die Veredelung womöglich. Selbst wenn sie gelingt, kann es dadurch trotzdem auch noch viele Jahre später zu Holzerkrankungen kommen.

11. Die Veredelungsstelle wird schließlich mit Bast oder Veredelungsgummi verbunden. Eine andere Option ist außerdem Veredelungsfilm, der selbstklebend ist und die Schnittflächen derart gut abdichtet, dass ein Verstreichen entfällt. Beim Verbinden mit Bast oder Gummi wird die Veredelungsstelle danach mit Baumwachs abgedeckt.

12. Wenn im Winter veredelt wird, zeigt sich im Frühjahr, ob und wie gut die Veredelung gelungen ist. Bis zum Sommer können die Augen des Edelreises schon ausgetrieben sein und eine kleine Krone bilden.

Zusammenfassung

Wann?	(März) April-Mai, wenn sich die Rinde gut von der Unterlage lösen lässt.
Was?	• Die Unterlage ist deutlich dicker als das Edelreis • Die Unterlage lässt sich von der Rinde lösen (in Saft stehen) • Edelreis ist in Winterruhe
Wozu?	• Umpfropfen älterer Bäume (5-10, manchmal auch bis zu 30 Jahre) • Für Anfänger eine einfache Methode • Bei dünnen Unterlagen auch möglich

Kopulation

Überblick

Die Kopulation ist eine der einfachsten und klassischsten Varianten der Veredelung. Sie wird dann verwendet, wenn die Unterlage und das Edelreis in etwa den gleichen Durchmesser haben. Sie sollten aber auch hier nicht dicker als ein Finger sein. Bei der Kopulation werden beide Veredelungspartner angeschnitten und dann aufeinandergelegt. Diese Verbindung ist nicht so stabil wie andere Veredelungsmethoden.

Der Kopulationsschnitt wird durch ein *schräges Anschneiden* ausgeführt. Die Länge der Schnittfläche sollte ungefähr das Dreifache der Breite umfassen. Es lohnt sich, ein wenig Zeit aufzuwenden, um den Kopulationsschnitt an einer Rute zu üben. Du solltest außerdem vor jeder Veredelung für circa eine Stunde an einer Rute Deines Edelreises üben, um auch ein Gefühl für das entsprechende Material zu bekommen. Kopulation wird vor allen Dingen im Spätwinter oder Frühling eingesetzt. Die Edelreiser sollen sich in der Winterruhe befinden und werden frisch veredelt.

Anleitung – einfache Kopulation

1. Für eine einfache Kopulation benötigst Du Reiser mit 2 bis 4 Augen. Sollte Deine Unterlage eher schwächer sein (z. B. bei der Handveredelung), reichen 2, bei guten und verwurzelten Unterlagen dürfen es 1 bis 2 mehr Knospen sein.

2. Schneide mit einem langen, ziehenden schrägen Schnitt die Unterlage ab. Die Schnittfläche soll eine Länge von 3 bis 4 cm haben. Am besten eignen sich dazu einseitig angeschliffene Kopulationsmesser, allerdings kann auch eine Hippe verwendet werden. Das Edelreis wird identisch zugeschnitten, so dass auch hier das Kambium frei liegt. Beim Edelreis liegt im besten Fall eine Knospe gegenüber der Schnittstelle. Auch eine Knospe an der Unterlage kann förderlich für das Wachstum sein.

3. Lege das Edelreis und die Unterlage so zusammen, dass Rinde auf Rinde passt und die Kambium Schichten direkt aufeinanderliegen. Die Blattstiele des Edelreises dürfen beim Zuschneiden belassen werden. Sollten Reiser und Unterlage nicht genau deckungsgleich zusammenpassen, gilt hier wieder der Grundsatz: Kambium auf Kambium.

4. Die Kopulation wird verbunden und der Bereich der Schnittflächen sowie die Spitze des Edelreises werden verstrichen. Schneide nach einer geglückten Kopulation Seitentriebe und Blätter an der Unterlage ab, sofern sie in der Nähe der Schnittflächen sind.

5. Beim Verbinden muss darauf geachtet werden, dass die Knospen nicht eingebunden werden.

Kopulation mit Gegenzungen

Wenn Du besonders schwache Äste mithilfe von Kopulation veredeln willst, kannst Du dazu die Kopulation mit Gegenzungen verwenden. Bei der Kopulation mit Gegenzungen werden die ersten zwei Schritte wie bei der normalen Kopulation durchgeführt. Bevor Reis und Unterlage zusammengeführt werden, wird auf jedem Veredelungspartner noch ein weiterer Schnitt gesetzt. Schneide dazu in den Edelreis im unteren Drittel und an der Unterlage im oberen Drittel eine „Gegenzunge" ein. Setze dazu das Messer in Richtung Längsachse an und schneide ca. 1 cm tief schräg ein. So entstehen zwei passende Zacken, die ineinandergeschoben werden. Auch hierzu ein einseitig angeschliffenes Kopulationsmesser verwenden. Für den Rest der Veredelung wird wie bei der normalen Kopulation verfahren. Durch die Kopulation mit

Gegenzungen wird eine gesteigerte Stabilität erreicht und das Verbinden der Wunde vereinfacht, da das Edelreis passgenau in der Unterlage sitzt.

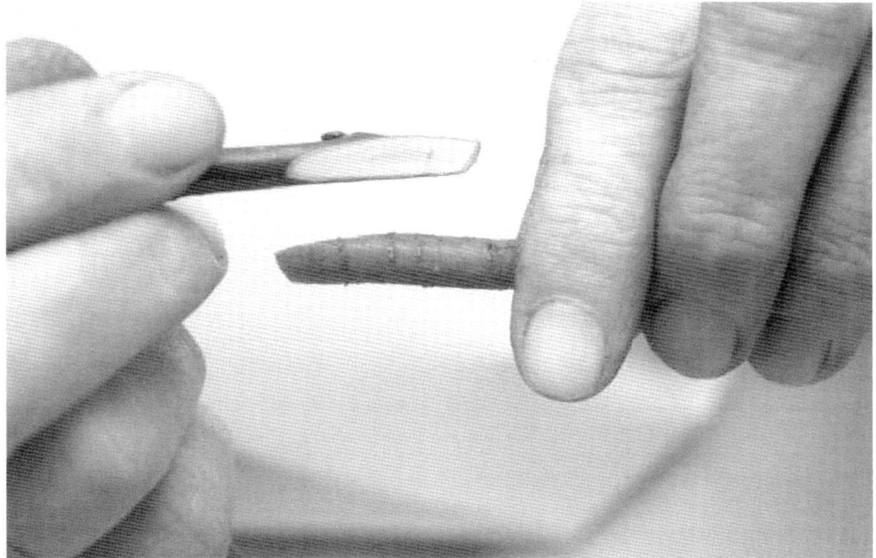

Das am besten geeignete Messer dafür ist ebenfalls ein einseitig angeschliffenes Kopulationsmesser. Ein weiterer Vorteil ist die deutlich stabilere Verbindung. Auch das Verbinden ist deutlich vereinfacht, da das Edelreis bereits mechanisch durch die Gegenzungen eingeklemmt ist und nicht während des Verbindens noch in Position gehalten werden muss. Mithilfe einer Pfropfschere können bei bleistiftstarken Trieben die Schnittflächen auch ohne Aufwand passend zugeschnitten werden. Die Pfropfschere ermöglicht auch ein gutes Freilegen der Kambium-Schichten.

Zusammenfassung

Wann?	Februar-April (Mai)
Was?	• Gleich dicke Unterlagen und Edelreiser (min. 6, max. 20 mm) • Edelreis in Winterruhe • Unterlage in Winterruhe oder ausgetrieben
Wozu?	• Junge Bäume, die neue Obstbäume werden sollen • Kann in Ruhezeit durchgeführt werden, da Rinde nicht gelöst werden muss

Rinden-Pfropfen

Überblick

Das Rinden-Pfropfen ist eine Veredelungsmethode, die, anders als Kopulation und Geißfuß-Pfropfen, nur zur Vegetationsperiode durchgeführt werden kann. Das Edelreis befindet sich noch in der Ruhe, während die Unterlage schon in Saft steht. Wichtigste Voraussetzung zum Rinden-Pfropfen ist, dass sich die Rinde an der Unterlage gut lösen lässt. Daher wird Rinden-Pfropfen meist zwischen Ende April und Mitte Mai durchgeführt. Es gibt ein einfaches Rinden-Pfropfen und viele verschiedene Erweiterungen oder Abänderungen, die sich durch zusätzliche Schnitte und Rinde vom ersteren absetzen.

Das Grundprinzip ist allerdings immer gleich. Das Rinden-Pfropfen wird vor allem dann genutzt, wenn bestehende Bäume umveredelt werden sollen. Das ist unter anderem dann der Fall, wenn die Früchte nicht den Erwartungen entsprechen oder unter Krankheitsanfall leiden. Beim Rinden-Pfropfen werden am unteren Baum einige *Zugäste* behalten, sofern sie nach unten zeigen. Bei Pfropfköpfen mit 3 cm Durchmesser wird ein Edelreis veredelt, bei solchen mit 4 bis 5 cm Durchmesser zwei Reiser. Ist der Pfropfkopf 6 bis 8 cm groß, können drei bis vier Reiser daran veredelt werden, und wenn der Pfropfkopf noch größer ist, dann jeweils so viele, wie ein Abstand von etwa 7 cm zulässt. Beim Rinden-Pfropfen wird mit einem Kopulationsschnitt das Edelreis diagonal angeschnitten. Darüber hinaus wird auf einer Seite der Rindenrand abgenommen. Durch einen vertikalen Schnitt wird die Rinde am Pfropfkopf bis zum Holz durchgeschnitten. Eine Seite der Rinde wird gelockert und leicht angehoben. Daraufhin wird das Reis von oben eingeschoben. Dabei soll das Reis mit der offenen Kante an der zweiten, nicht gelockerten Schnittseite der Unterlage anliegen.

Definition: Zugast
Als Zugast bezeichnet man einen Nebenast in ähnlicher Wuchsrichtung zum ausgewählten Ast (zum Schneiden/Veredeln). Beim Veredeln sind damit meistens nach der Veredelung wachsende Triebe gemeint.

Anleitung

1. Suche ein Edelreis, das mindestens drei gut entwickelte Augen vorweisen kann. Es sollte bereits im Winter geschnitten werden.

2. Das Edelreis wird mit einem Kopulationsschnitt etwa 3 bis 4 cm abgeschnitten. Eine Knospe soll gegenüber der Schnittstelle liegen.

3. Schneide den Pfropfkopf sauber mit Säge ab und schneide gegebenenfalls noch etwas mit einem scharfen Messer nach, wenn der Schnitt unsauber ist. Schneide die Rinde am Pfropfkopf mit einem scharfen Messer senkrecht ein. Die Schnittlänge beträgt etwa 3 bis 4 cm. Löse mit einem Kopuliermesser ein wenig Rinde behutsam sowohl von links als auch von rechts. Vorsicht: Die Rinde soll nicht entfernt werden, sondern nur etwas vom Holz gelöst sein. Eine Hippe kann außerdem dem Kambium schaden, weswegen unbedingt ein gerades Messer benutzt werden soll. So entsteht eine Art „Tasche", in die das Edelreis gesetzt werden kann.

4. Schiebe das Edelreis nun in die Tasche und verbinde und verstreiche die Schnittstelle. Achte darauf, dass das Auge zwischen den Rindenlappen sitzt, aber nicht durch den Bast zerdrückt wird. Die Schnittstelle des Reises wird für etwa 3 mm von der Unterlage hervorlugen. Der Pfropfkopf kann so durch den Kallus aus dem Kambium des Edelreises vollkommen verheilen.

Variationen

Das verbesserte Rinden-Pfropfen bezeichnet eine Variation, bei der nur ein Rindenlappen gelöst wird. Dafür muss das Edelreis auf derselben Seite ergänzend diagonal angeschnitten werden. Die neu angeschnittene Seite wird eng an die ungelöste Rinde gelegt. Die andere Seite wird wie beim gewöhnlichen Rinden-Pfropfen hinter die Rinde geschoben. Am Edelreis wird außerdem ein zusätzlicher Schnitt an der Rinde durchgeführt: Diese wird nur ein ganz bisschen an Rückseite und Schnittkante angeschnitten. Diese Methode ermöglicht, dass sich die saftführenden Bahnen der Veredelungspartner an einer Seite berühren. Durch die zusätzlichen Schnitte in der Rinde wird besonders viel Kambium freigelegt.

Definition: Wenncksches Rinden-Propfen

Eine weitere Variation des Rinden-Pfropfens ist das Wenncksche Rinden-Pfropfen. Hierbei wird der erste Kopulationsschnitt am Edelreis genau wie beim gewöhnlichen Rinden-Pfropfen gesetzt. Daraufhin setzt Du aber einen zweiten, circa 3 bis 5 mm kürzeren Schnitt gegenüber vom ersten Schnitt, so dass ein spitzer Winkel entsteht. Auf der dritten Seite ist das Auge. Es wird, wie beim verbesserten Rinden-Pfropfen, nur eine Seite der Rinde gelöst. Die längere Seite wird am Holz angelegt, die kürzere wird von der Rinde bedeckt. Der Vorteil vom Wenckschen Rinden-Pfropfen besteht darin, dass das eingeschobene Edelreis innen und außen Kontakt mit Kambium hat.

Wie beim Geißfuß-Pfropfen wird im folgenden Herbst oder Winter ein Trieb zum Leitast bestimmt, die anderen werden entsprechend zurechtgeschnitten. Flache Seitentriebe können stehen gelassen werden, sofern sie keine Konkurrenz zum Leitast darstellen. Insgesamt wird der Baum um etwa ein Drittel seiner ursprünglichen Länge zurückgeschnitten. Dies geschieht innerhalb von 2 bis 3 Jahren.

Zusammenfassung

Wann?	(März) April-Mai, wenn sich die Rinde gut von der Unterlage lösen lässt.
Was?	• Die Unterlage ist deutlich dicker als das Edelreis • Die Unterlage lässt sich von der Rinde lösen (in Saft stehen) • Edelreis ist in Winterruhe
Wozu?	• Umpfropfen älterer Bäume (5-10, manchmal auch bis zu 30 Jahre) • Für Anfänger eine einfache Methode • Bei dünnen Unterlagen auch möglich

Spalt-Pfropfen

Überblick

Spalt-Pfropfen ist, ähnlich wie Rinden-Pfropfen und Kopulation, eine sehr einfache Veredelungsform. Anders als beim Rinden-Pfropfen wird nicht unter die Rinde gepfropft, entsprechend kann es auch zur kalten Jahreszeit (ab Februar) durchgeführt werden. Bei dieser Veredelungsmethode wird ein Edelreis in Winterruhe keilförmig zugeschnitten und in einen Spalt der Unterlage hineingeschoben. Das Edelreis, das mittels Spalt-Pfropfen veredelt wird, muss mindestens zwei Augen haben, die gut entwickelt sind.

Ein Nachteil des Spalt-Pfropfens ist, dass es verhältnismäßig brutal ist. Dies ist besonders dann der Fall, wenn die Unterlage recht dick ist. Dadurch verwächst die Wunde nicht ganz so gut wie bei den anderen Veredelungsmethoden.

Zum Veredeln wird eine Hippe benötigt, da diese stabil ist. Nur bei dünnen Unterlagen sollte auch ein Kopuliermesser genutzt werden. Auch vom Spalt-Pfropfen gibt es unterschiedliche Abwandlungen, die alle demselben Grundprinzip folgen.

Spalt-Pfropfen wird weitestgehend bei dicken Unterlagen eingesetzt. Bei diesen handelt es sich um relativ große Pfropfköpfe, weshalb hier auch öfter mehr als nur ein Reis gepfropft wird. Außerdem können in einen Spalt pro

Ende ein Reis, also insgesamt zwei Reiser, eingesetzt werden. Das Spalt-Pfropfen kann man auch schon mit simplen Werkzeugen durchführen. Wahrscheinlich ist sie daher die älteste der Veredelungsmethoden.

Anleitung

1. Säge die Unterlage an der Stelle senkrecht zur Längsachse ab, an der Du veredeln möchtest. Die ausgewählte Stelle sollte, sofern möglich, ein gerades Stück des Stammes oder ein relativ gerader Ast sein. Bei Unebenheiten kann mit einem Messer die Stelle noch einmal zurechtgeschnitten werden.

2. Schneide das Edelreis mit zwei sauberen Schnitten keilförmig zu. Die beiden Schnitte liegen sich dabei gegenüber, so dass unten eine Spitze zuläuft und zwischen den Schnitten jeweils Rinde liegt. Dabei sollte die Knospe zwischen den oberen Enden der Schnitte liegen.

3. Die Unterlage wird vorsichtig da gespalten, wo das Edelreis veredelt werden soll. Das muss nicht zwingend die Mitte sein, abseits der Mitte ist sogar manchmal vorteilhaft. Der Spalt darf nicht wesentlich länger sein als die Anschnitte auf dem Reis. Dieses muss genug Druck bekommen, um gut eingeklemmt werden zu können. Spalte das Holz mit einer Hippe und benutze nur ein Kopuliermesser, wenn es sich um eine dünne Unterlage handelt.

4. Schiebe das Edelreis in den Spalt. Die Knospe zeigt dabei nach außen. Sollte das Edelreis nur schwer in den Spalt gehen, kannst Du mit einem Messer oder Schraubenzieher den Spalt leicht aufdrücken, während Du das Edelreis einfügst.

5. Sorge dafür, dass die Kambien von Edelreis und Unterlage gut überlappen. Zumindest an einer Stelle sollte guter Kontakt entstehen. Wenn die Rinde der Unterlage besonders dick ist, macht das die Passgenauigkeit schwieriger. Um dieses Problem zu lösen, kann das Edelreis schräg nach außen, statt in der Mitte, eingesetzt werden. Am anderen äußeren Ende kann ein weiteres Reis seinen Platz finden. Wie beim Rinden-Pfropfen sollten ein paar mm des Edelreises über der Schnittfläche sichtbar sein.

6. Wenn alle Reiser in die Spalte eingesetzt wurden, muss die Veredelungsstelle straff verbunden werden, wobei die Augen freigelassen werden. Veredelungsstelle, das offene Ende des Edelreises und die Pfropfkopffläche müssen allesamt sorgsam mit Wundverschlussmittel verstrichen werden.

Zusammenfassung

Wann?	Februar-April (Mai)
Was?	• Die Unterlage darf in Winterruhe sein oder bereits antreiben • Die Unterlage und das Edelreis sind gleich dick oder die Unterlage ist wesentlich dicker als das Edelreis • Das Edelreis ist in Winterruhe
Wozu?	• Umpfropfen von älteren Bäumen (5 bis 10 Jahre oder bis 30 Jahre) • Für Anfänger eine einfache Methode • Allrounder, der fast jede Veredelungsmethode ersetzen kann • Verheilt aber schlechter und verwächst nicht so gut und sauber wie bei anderen Methoden • Veredelungsstellen meistens nicht sehr gesund (besonders bei großen Pfropfköpfen)

Augen-Veredelung (Okulation)

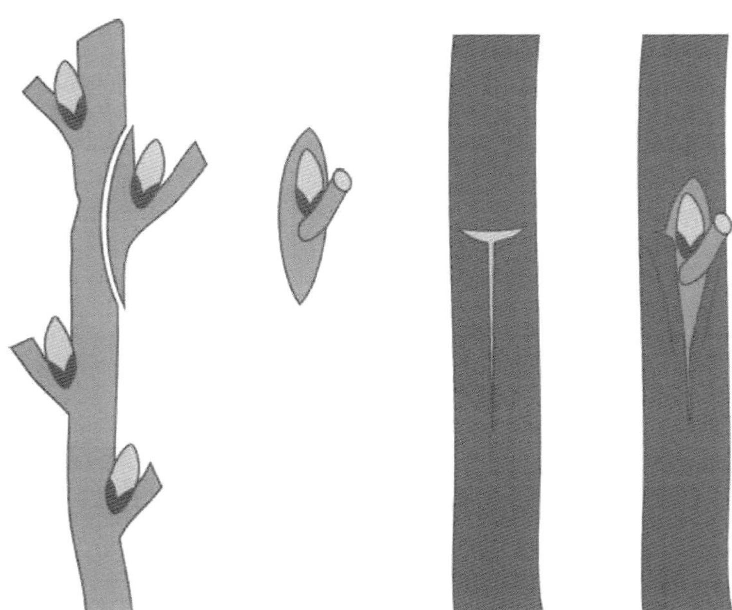

Überblick

Als Okulation oder Augenveredelung wird eine Veredelungsmethode bezeichnet, bei der die Knospe des Edelreises alleine auf eine Unterlage gesetzt wird. Die Knospe verwächst mit der Unterlage und bildet einen Trieb, der statt der Eigenschaften der Unterlage die des Edelreises vorweist. Die Unterlage wird über der Knospe abgeschnitten. Die Knospe muss dafür bestimmte Eigenschaften aufweisen: Sie sollte sehr kräftig und unbedingt ausgereift sein. Sie darf aber noch nicht getrieben haben. Bei der Chip-Veredelung wird das Auge mit einem kleinen Span gemeinsam rausgeschnitten, bei der Okulation mit einem etwas anderen Gewebe der zu veredelnden Pflanze.

Da das Auge hinter die Rinde verpflanzt wird, findet die Okulation auch nicht im Winter, sondern während der Vegetationszeit statt, und zwar zwischen Juli und August. Die Okulation ist die effizienteste Veredelungsmethode, da sie nur ein Auge und nicht das komplette Reis benötigt. Sie ist deshalb auch eine der am meisten benutzten Methoden in Baumschulen. Da die Okulation nicht im Frühling, sondern im Sommer beziehungsweise Spätsommer stattfindet, wächst das Auge zwar im Okulationsjahr an, treibt aber erst im darauffolgenden Frühling.

Anleitung

1. Schneide die Unterlage im Herbst auf 20 bis 25 cm Höhe zu. Je nach Gehölz wird der Stamm der Unterlage auch manchmal auf der gewünschten Höhe gelassen. Das ist beispielsweise bei bestimmten Ziergehölzen und einigen Hochstämmen der Fall. Das Edelreis wird in diesem Fall zur Krone ausgebildet.
2. Das Edelreis (oder die Edelreiser) werden für die Okulation unmittelbar vor der Veredelung geerntet. Eine Lagerung ist daher nicht nötig. Das Edelreis ist reif, sobald es beim Biegetest abknickt, statt gequetscht zu werden.
3. Sollte das Wetter besonders trocken sein, wässere die Unterlage ein paar Tage vor der Okulation. Dadurch hat die Rinde mehr Saft und lässt sich besser ablösen.
4. Schneide vom Edelreis ein Auge ab, indem Du ein etwa 3 cm langes Rinden- und Holzstück abschneidest, auf dem es liegt. Das Abschneiden des Auges muss besonders sorgfältig geschehen. Nimm dazu das Reis mit der Spitze Richtung Körper in die linke Hand (für Rechtshänder). Setze das Okuliermesser dann 1 bis 2 cm unter dem Auge an und trenne es mit einem einzigen Schnitt ab. Der Schnitt sollte ungefähr 2 bis 3 cm über dem Auge aufhören. Das abgeschnittene Stück sollte ein kleines Schildchen aus Rinde sein und ein wenig Holz vom Edelreis aufweisen. Die Schnittfläche darf nicht angefasst werden und muss sauber bleiben.
5. Schneide die Rinde der Unterlage etwa 1 cm lang quer zur Achse ein und achte dabei darauf, nicht das Holz zu treffen oder zu verletzen. Setze diesen Schnitt an die Stelle, an der das Auge veredelt werden soll.
6. Setze nun einen zweiten, etwa 3 cm langen Schnitt längs über dem ersten Schnitt. Die beiden Schnitte sollten gemeinsam wie ein „T“ aussehen. Löse dann beide Rindenflügel mit dem Okuliermesser ganz leicht an.
7. Fasse das Edelauge am Blattstummel an und schiebe es sorgsam hinter die Rindenflügel. Das Auge soll aus der Mitte der beiden Einschnitte hervorschauen.
8. Schneide den Teil des Rindenschildchens ab, der oben hervorragt. Dieser würde, falls er nicht weggeschnitten würde, sowieso nur vertrocknen.
9. Verbinde die Okulation mit Bast, Gummi oder Film. Das Auge muss natürlich ausgespart werden, da hier der Trieb entsteht. Es gibt für die Okulation auch Okulationsschnellverschlüsse, die speziell zu diesem Zweck entwickelt wurden. Sie erleichtern das Verbinden ungemein, besonders bei einer größeren Anzahl von veredelten Augen. Diese Gummimanschette wird über das Auge gelegt und gespannt. Eine eingefertigte Klammer befestigt diese. Für die Verwendung von solchen Schnellverschlüssen muss jedoch der Blattstielstummel komplett entfernt werden. Verstreichen muss man bei der Okulation selten, da im Idealfall keine Wundflächen offen liegen. Bei erfolgreicher Okulation fällt der Blattstiel nach einigen Wochen ganz von selbst oder durch einen leichten Stups ab.

10. Da der Trieb erst im nächsten Frühjahr wächst, ist hier Aufmerksamkeit gefragt. Die Unterlage sollte in etwa 5 cm über der Stelle, an welcher veredelt wurde, abgeschnitten werden. So wird ein Austrieb des Edelauges provoziert. Andere Knospen auf der Unterlage können entfernt werden. Den neuen Trieb des Edelauges kannst Du auch an die überschüssigen Zapfen der Unterlage binden. So wächst der Trieb gerade. Ansonsten schneide den Zapfen ab, sobald der Edeltrieb sich gut ausbildet. Sichere den Edeltrieb mit einem Stab.

Definition: Stäben

Bei Pflanzen, die einen besseren Halt benötigen, spricht man vom Stäben, wenn zur Absicherung ein Stab hinzugezogen wird. Dieser wird in ein 10 bis 20 cm tiefes Loch gedrückt, so dass er stabil steht. Die Pflanze wird dann an den Stab gelehnt und festgebunden, damit sie gerade wächst. Für diesen Vorgang gibt es u. a. spezielle Gummibänder.

Zusammenfassung

Wann?	(Juni) Juli-August (September); die Unterlage soll „in Saft stehen" und die Rinde soll leicht lösbar sein, die Edelreiser sollen etwas, aber nicht zu sehr verholzt sein
Was?	• Die Unterlage „steht in Saft" • Das Edelauge aus frisch geschnittenen Reisern (diesjährig) • Edelreiser ist halbverholzt
Wozu?	• Erzeugung einer Vielzahl junger Obstbäume • Effiziente Ausnutzung der Edelreiser

Nachbereitung der Veredelung

Die Veredelung muss nach erfolgreicher Durchführung natürlich nicht nur gut verbunden, sondern auch anderweitig geschützt werden. Die Nachbereitung der Veredelung umfasst das Verbinden, die unmittelbare Nachbereitung (1 bis 4 Wochen) und die umfassendere, 2 bis 5 Jahre andauernde Aufzucht des neuen Baumes.

Das Verbinden der Wunde

Die zu verwendenden Materialien wurden im ersten Kapitel schon eingehend vorgestellt und besprochen. Im Grunde folgt das Verbinden der Wunde immer den gleichen zwei Schritten:

1. Verbinden der Wunde mithilfe von Bast oder Gummiband
2. Einstreichen mit Wachs

Wenn ein Veredelungsfilm benutzt wird, ist das Einstreichen mit Wachs meistens redundant. Nicht alle Veredelungen brauchen außerdem das Wachs – bei der Augenveredelung wird es dadurch überflüssig, dass es kaum bzw. keine offenen Schnittflächen gibt. Beim Verbinden der Wunde muss auf die Hygiene unbedingt großen Wert gelegt werden.

Unmittelbare Nachbereitung

Die Edelreiser sind kurz nach der Veredelung in einem sehr vulnerablen Zustand und werden oft leicht durch Vögel verletzt. Um den Edelreis vor Vögeln zu schützen, gibt es die Möglichkeit, einen anderen Trieb über dem Edelreis anzubringen, um diesen zu schützen. Dazu wird der Trieb bogenförmig über den Edelreis gespannt und mit der Unterlage verbunden. Dies kann man zum Beispiel mit Bast durchführen. Ein guter, elastischer Trieb zum Bogenspannen ist beispielsweise ein Haselnusstrieb.

Die neue Sorte steht bei erfolgreicher Veredelung zunächst in Konkurrenz zu der alten. Diese treibt neue Äste, die daraufhin zurechtgeschnitten werden müssen. Die Triebe werden, je nach Veredelung, meistens im Sommer (Juni) entfernt. Achte in der kurzen Zeit nach der Veredelung darauf, wo neue Triebe wachsen, und sorge dafür, dass das Edelreis eine gute Chance bekommt, sich zu entwickeln. Die Pflanze braucht sehr viel Aufmerksamkeit und Pflege. Die Rinde sollte aber nie völlig frei von Zugästen sein, da sie sonst in der Sonne verbrennen kann.

Gummibänder, Veredelungsfilm und Gummimanschetten zerfallen unter UV-Einstrahlung nach einiger Zeit von selbst. Lediglich der Bast zerfällt nicht von alleine, weshalb er im Spätsommer (mindestens aber nach einigen Wochen) aufgeschnitten werden muss, damit das Holz nicht mit ihm verwächst.

Aufzucht des Jungbaumes

Nach einem Jahr sollten die Neutriebe immer noch nicht beschnitten werden. Der Schutz vor Wildtieren, vor allem Vögeln, sollte aber wieder aufgebaut werden. Die aufwendigere Aufzucht des Jungbaumes findet in den ersten 1 bis 3 Jahren statt. Nach 5 Jahren sollte die Aufzucht weitgehend abgeschlossen sein.

Obwohl ein unmittelbares Schneiden des Baumes nicht vonnöten ist, ist je nach Sorte eine aufwendigere Nachbehandlung notwendig. Rosen sollten anders beschnitten werden als Äpfel, Äpfel anders als Zierkirschen. Das Schneiden nach der Veredelung hat eine wichtige Bedeutung für den Erfolg der Veredelung und sollte nicht unterschätzt werden. In den meisten Anleitungen wirst Du lesen, dass der Baum vor und/oder nach der Veredelung abgeworfen werden soll. Das hat mehrere Gründe. Bei der Nachbereitung des

Baumes hängt dies vor allem mit der Triebkraft des Wuchses zusammen. Durch das Zuschneiden der Äste um die Veredelung herum wird der Baum quasi dazu „gezwungen", seine Energie in den neu veredelten Trieb zu senden, der daraufhin die nötigen Nährstoffe erhält, um treiben zu können. Das ist durchaus wichtig, da die Veredelungsstelle zunächst einmal noch nicht stabil verwachsen ist. Selbst bei vollständiger Verwachsung ist es jedoch durchaus sinnvoll, den Wuchs weiter zu beachten.

ZUSAMMENFASSUNG

Es gibt einige wesentliche Unterschiede zwischen den Veredelungstaktiken, von denen die wichtigste die Vegetationszeit ist. Die Vegetationszeit ist abhängig davon, ob hinter oder an der Rinde veredelt wird.

Merke

Methoden, bei denen die Rinde sich lösen muss (Zeitraum: Vegetationsperiode)

- Rinden-Pfropfen
- Okulation
- Dickrinden-Pfropfen
- Nicolieren

Methoden, bei denen sich die Rinde nicht lösen muss (Zeitraum: Ruheperiode)

- Geißfuß-Veredelung
- Kopulation
- Spalt-Pfropfen
- Anplatten
- Chip-Veredelung
- Lamellen-Pfropfen

Darüber hinaus solltest Du bei der Wahl der Veredelungsmethode die Eigenschaften von Unterlage und Edelreis einbeziehen. Je nach Dicke werden andere Methoden bevorzugt.

Merke

Unterlage und Edelreis sind gleich stark

- Kopulation

Unterlage ist in etwa doppelt so stark wie Edelreis

- Geißfuß-Veredelung

Unterlage ist deutlich stärker als Edelreis

- Okulation
- Spalt-Pfropfen
- Anplatten
- Chip-Veredelung
- Rinden-Pfropfen
- Lamellen-Pfropfen

Letztlich sollte immer ein geeignetes und scharfes Werkzeug benutzt werden, um eine genaue und sorgfältige Arbeit zu garantieren. Das Kopuliermesser und das Okuliermesser haben ihren Namen nach ihrer Aufgabe erhalten und werden auch entsprechend zum Kopulieren respektive Okulieren genutzt. Achte bei der Anwendung der verschiedenen Taktiken auch darauf, dass die Methoden zu den Merkmalen und Wachstumseigenschaften Deiner Pflanze passen.

Weiterführende Methoden der Veredelung

Die Grundlagen der Veredelung sind für die meisten Pflanzen dieselben. Auch wenn man eine Veredelungstaktik sehr gut beherrscht, gibt es immer wieder Handgriffe, die von Sorte zu Sorte anders sind. Die Veredelung von Obstbäumen unterscheidet sich von der Veredelung von Blumen, die Veredelung eines Apfels von der Veredelung einer Birne. In diesem Kapitel werden die Veredelungsmethoden noch einmal vertieft und die Besonderheiten der verschiedenen Pflanzen hervorgehoben.

Obstbäume selbst veredeln

Obstbäume werden sehr häufig veredelt, da hier ein besonderes Interesse daran besteht, die Art zu erhalten. Zudem ist die Veredelung von Obstbäumen relativ einfach. Anders als bei Ziergehölzen und Blumen ist der Ertrag nicht nur schön anzusehen – er ist auch essbar. Deswegen hatte die Menschheit schon immer ein besonderes Interesse daran, gute Sorten zu erhalten und die Bäume entsprechend zu veredeln.

Da das Veredeln von Obstbäumen so standardgemäß ist, sind die meisten Veredelungstechniken schon darauf ausgelegt, für Obstbäume genutzt zu werden. Eine „obstbaumspezifische" Grundregel zum Veredeln gibt es nicht. Allerdings gibt es je nach Obstsorte bestimmte Eigenschaften der Gehölze zu beachten. Die Unterlagen von Obstbäumen müssen sehr viel Nährstoffgewinn gewährleisten, da die Früchte kräftig und saftig wachsen sollen. Das Wurzelwerk ist daher von besonderer Bedeutung für die Veredelung. Es muss kräftig und leistungsstark sein, um genügend Wasser und Nährstoffe aus dem Boden an den Baum zu geben. Das Bäumchen wird dadurch kräftiger und witterungsbeständiger.

Beispiel:
Veredelte Melonen sind durch diese Vorgehensweise beispielsweise dazu in der Lage, 75 % ertragreicher zu sein und wesentlich höhere Zuckereinlagerungen zu gewährleisten. Dadurch schmecken sie süßer und können von Händlern auch besser verkauft werden. In einigen asiatischen Ländern werden daher nahezu 95 % aller Melonenpflanzen veredelt.

Das Veredeln von Obstbäumen hat also nicht nur unmittelbar, sondern auch langfristig Auswirkungen auf den Gärtner.

Obstbäume haben im Gegensatz zu anderen Pflanzen den Vorteil, über recht große Stämme zu verfügen. Das erleichtert die Veredelung insofern, als mehr als nur ein Reis an einem Pfropfkopf angebracht werden kann, wenn dieser einen Durchmesser von etwa 3 cm übersteigt. Bei einigen Obstsorten können alle 3 bis 5 cm Reiser an einer Unterlage veredelt werden. Die Reiser, die zusätzlich angebracht werden, können auch verhindern, dass die Unterlage an einigen Stellen abstirbt.

Edelreiser am Obstbaum

Die Edelreiser des Obstbaumes sollten von der Südseite des Baumes geschnitten werden. Schneide an der Krone die Reiser ab und vermeide, Triebe mit Blütenknospen oder Wasserreiser zu nehmen. Diese sollten keinesfalls zur Veredelung genutzt werden. Ansonsten gilt, was für die Edelreiser bei jedem Baum gilt. Sie sollten bleistiftdick sowie 30 bis 40 cm lang sein, gut ausgebildete Knospen haben und nicht von irgendeinem Tier oder einer Krankheit befallen sein. Die Reiser sollten idealerweise einjährig sein, mehrjährige Reiser lassen sich nur schlechter veredeln.

Beim Schneiden der Edelreiser im Winter sollten die Temperaturen nicht unter -4 °C fallen, weswegen der Januar ein besserer Monat als der Dezember ist. Wenn es sehr viel Frost gab, ist ein wenig abzuwarten, bevor man das Reis schneidet. Wenn die Reiser im Sommer geschnitten werden, solltest Du einen trüben Tag wählen. Entferne die Blätter sofort, bis auf einen kleinen Stumpf, der circa 10 mm lang sein darf. Eine Sache, die man bei der Obstbaumveredelung unbedingt beachten sollte, ist, dass das Edelreis der Mutterpflanze sortengleiche Früchte nicht zu 100 % garantiert, da es in seltenen Fällen auch zur Übertragung von genetischen Knospenvariationen kommen kann. Deshalb ist es sinnvoll, mehr als ein Edelreis zu veredeln. Edelreiser, die von einer Mutterpflanze mit schlechter Fruchtbarkeit getragen werden, täuschen zudem manchmal durch ihr fruchtbares Aussehen und sind weniger erträglich, als sich mutmaßen lässt. Es sollten darüber hinaus keine Reiser von Jungbäumen genommen werden, wenn die Qualität der Früchte noch nicht überprüft werden konnte.

Definition: Wasserreiser

Ein Wasserreis ist ein Spross, der aus dem Stammbereich der Unterlage beziehungsweise eines Baumes austreibt. Das Wasserreis entsteht aus einem *schlafenden Auge*, das heißt, es besteht aus einer Knospe, die unter der Rinde versteckt ist. Wasserreiser werden vom Baum gebildet, wenn er versucht, den Verlust seiner Äste beim Zuschnitt auszugleichen. Man kann einen Wasserreis daran erkennen, dass er steil nach oben wächst und nur selten zur Seite neigt. Er ist nah am Stamm, im Inneren zu finden, besteht aus weichem Holz und hat oftmals große und auffallend anders geartete Blätter.

Wenn sich aus der Knospe Triebe entwickeln, gilt die Veredelung als geglückt. Zweige, die unterhalb der Veredelungsstelle aus der Unterlage wachsen, werden abgeschnitten. Diesen Prozess bezeichnet man als ‚Freistellung'. Veredelungsgrundprinzipien beim Zusammenstellen von Reiser und Unterlage sind in Bezug auf ihr Wachstum:

- Schwache Edelreiser auf starken Unterlagen
- Starke Edelreiser auf starken und schwachen Unterlagen

Es sollten am besten nur junge und gesunde Bäume veredelt werden.

Zweigübertragung

Die sogenannte *Ablaktion* ist eine Technik, die schon seit der Antike beim Veredeln von Bäumen angewandt wird.

Definition: Ablaktion

Die Ablaktion ist die Übertragung vollständiger Zweige auf ein benachbartes Gehölz. Dabei werden die Äste nicht vom Baum entfernt, sondern nur mit ihrem Kambium mit der Rinde des benachbarten Astes verbunden. Zuvor wird an der Berührungsstelle der Sorten die Rinde entfernt, so dass die Kambialschicht noch da ist. An dem Kambium werden sie verbunden.

Das Zusammenwachsen der Äste geschieht bei dieser Methode recht schnell, da sie noch beide Nährstoffe und Wasser über ihre eigenen Wurzeln erhalten. Nach dem erfolgreichen Zusammenwachsen entfernt man einen Teil über und einen Teil unter der neuen Verbindung, so dass der Zweig nur noch mit einem Baum in Verbindung ist. Diese Technik findet unter anderem beim Spalierobst Anwendung, wenn ein abgebrochener Zweig ersetzt werden soll.

Definition: Spalierobst

Spalierobst bezeichnet Obstbäume, die mithilfe eines Gerüsts wachsen. Dieses Gerüst nennt man auch ein Spalier. Obstsorten, die häufig mit Spalier gezogen werden, sind unter anderem Aprikose, Birne und Weintrauben.

Wundüberbrückung

Wundüberbrückung ist eine Methode, um Krebswunden am Baum zu behandeln. Dabei wird ein Jungtrieb, der unter der Wunde liegt, über die Wunde gebogen und dann am Stamm des Baumes befestigt. Im darauffolgenden Frühjahr bis Frühsommer wird ein Kopulierschnitt an das obere Ende des Triebes gesetzt, der parallel zum Stamm verläuft. Um den Stamm mit dem Ast zu verbinden, wird an der gegenüberliegenden Stelle ein T-Schnitt gesetzt. Der Zweig wird mit der offenen Seite in die Rinde hineingeschoben und die Wunde wird so überbrückt.

Definition: Obstbaumkrebs

Obstbaumkrebs ist eine von Pilzen verursachte Krankheit, bei der offene Wunden befallen werden. Die Krebswunde trocknet ein und sorgt dafür, dass Triebe oberhalb der Wunde nicht mehr versorgt werden. Den Obstbaumkrebs erkennt man an verdickten, offenen Stellen, deren Ränder dunkel sind.

Veredelung von Obstbäumen nach Sorte

Jeder Obstbaum hat eine bestimmte Verträglichkeit im Hinblick auf die Veredelungsform.

Beispiel Pfirsich:
Pfirsiche werden zum Beispiel am besten okuliert. Ein Umveredeln ist dagegen ausgeschlossen. Der Pfirsichbaum muss außerdem im Frühjahr abgeworfen werden, so dass nur die unteren Aststümpfe bleiben. Die daraus treibenden Jungtriebe werden ausgewählt und freigestellt. Die Okulation erfolgt im Sommer auf den stärksten Jungtrieben. Diese sollten außerdem so weit unten wie möglich liegen. Im auf die Okulation folgenden Frühling werden die Triebe auf ca. 10 cm zurückgeschnitten.

Beispiel Apfel:
Bei Äpfeln ist die Auswahl der Unterlage recht vielfältig. Sowohl stark wachsende Sämlinge als auch Unterlagen mit wenig Wurzelausdehnung sind geeignet. Bei Unterlagen mit geringer Wurzelausdehnung kommt der Ertrag früher, wird aber auch früher weniger. Es kommt auch manchmal zur Zwischenveredelung.

Definition: Zwischenveredelung
Wenn die Obstart sich nicht mit der Unterlage verträgt, werden Edelreiser oftmals nicht richtig angenommen und sterben ab. Bei der Zwischenveredelung wird dem vorgebeugt, indem eine Sorte zwischen Unterlage und Edelreis gesetzt wird. Dies wird beispielsweise sehr oft bei der Birne gemacht, da diese hervorragende Ergebnisse auf der Quitte erzielt, sich allerdings nicht so gut mit ihr verträgt.

Beispiel Birne:
Auch bei der Birne kann ein stark wachsender Sämling oder die Quitte als Unterlage verwendet werden. Einige Birnensorten gedeihen aber nicht direkt auf der Quitte, weswegen auch hier zwischenveredelt wird. Für die Quitte hingegen eignen sich Quitte oder Weißdorn.

Grundsätzlich gilt für die Vorbereitung der Obstbäume, dass Kernobst im Spätwinter vorbereitet werden sollte, indem die Unterlage abgeworfen wird, bei Steinobst dies jedoch erst kurz vor der Blüte passieren muss.

Definition: Steinobst und Kernobst
Steinobstsorten umfassen all diejenigen Sorten, bei denen statt mehrerer Kerne ein einziger Stein in der Mitte der Frucht liegt. Dazu gehören zum Beispiel Pfirsiche und Kirschen. Kernobst hingegen ist Obst, das über mehrere kleine Kerne verfügt, wie Birnen, Äpfel und Quitten.

Umveredeln und Mehrsorten-Bäume

Umpfropfen

Ein Baum wird *umgepfropft,* wenn bei der Ernte der Früchte Probleme auftreten. Manchmal sind die Früchte nicht besonders zahlreich oder einfach nicht so schmackhaft wie gewünscht.

Ein Umpfropfen kann nur auf derselben Gattung erfolgen. So kann beispielsweise ein Apfel auf einem Apfel oder eine Birne auf einer Birne umgepfropft werden. Die Sorten können sich aber unterscheiden. Deswegen wird das Umpfropfen auch als *Sortenwechsel* bezeichnet. Umgepfropft wird im Sommer, die Reiser werden jedoch schon im Winter davor geerntet (am besten im Dezember).

Definition: Umpfropfen
Umpfropfen bezeichnet einen Sortenwechsel durch Veredelung. Wenn die Fruchtsorte auf dem Obstbaum nicht schmeckt, können mittels Veredelung auch mehrere Sorten auf einem Baum umgepfropft werden.

Innerhalb der Winterruhe wird die Baumkrone abgeschnitten. Dazu schneidest Du erst die seitlichen Tragäste um etwa zwei Drittel ab, so dass alle ungefähr in der gleichen Höhe liegen. Der Mittelast wird so gekürzt, dass er höher liegt als die Tragäste. Daraufhin schneidest Du alle Seitentriebe der Tragäste und des Mittelasts ab, außer ein bis zwei Äste, die als Zugäste fungieren sollen. Schneide diese nur leicht zurück, sodass sie nach unten zeigen. Diese Zugäste sollen dem Edelreis später helfen, mit Nährstoffen versorgt zu werden, und verhindern, dass dieses im Saft erstickt. Ist der umzuveredelnde Baum schon alt, sollten lediglich die Äste in der Krone und nicht der Stamm umveredelt werden. Außerdem müssen die ausgewählten Äste genügend Raum zum Bilden neuer Triebe haben.

Stärkere Äste sollten länger bleiben und schwächere stärker gekürzt werden. Am besten wird auf den Hauptästen veredelt. Achte darauf, dass die Krone am Ende eine Kegelform bildet.

Im Frühsommer werden alle Äste noch einmal beschnitten. Dort, wo geschnitten wird, muss das Holz hell und die Rinde etwas grün sein. Verzweigungen, Vernarbungen und Wunden dürfen keinesfalls an der Veredelungsstelle vorzufinden sein.

Anleitung:

1. Glätte mit der Hippe den Sägerand, damit der Pfropfkopf veredelungsbereit ist. Als Veredelungsmethode sollte hinter die Rinde gepfropft werden (Rinden-Pfropfen) oder das Anplatten verwendet werden.

2. Die Triebe, die sich unterhalb des Pfropfkopfes bilden, werden nun weggeschnitten und immer wieder zurechtgeschnitten, damit sie die neuen Triebe nicht zurückdrängen. Alles, was wesentlich tiefer liegt, bleibt aber erhalten, da der Baum unter zu vielen Rückschnitten leidet.

3. Danach wird wie bei einer gewöhnlichen Veredelung verfahren. Um vor Vögeln und Sturm zu schützen, kannst Du einen Bogen über den Ast spannen. Nach einem Jahr wird der Haupttrieb festgelegt, die anderen Triebe werden diesem untergeordnet. Das bedeutet, dass sie zugeschnitten werden, damit die Wunden sauber verheilen können. Allerdings sollten sich an den Trieben trotzdem noch Früchte bilden können. Am besten ist es, wenn sie etwas kürzer sind und waagerecht wachsen, während der Haupttrieb in die Richtung des ursprünglichen Hauptastes wachsen sollte. Auch die Mitteltriebverlängerung sollte um ¼ bis 1/3 gekürzt werden, und zwar so, dass das oberste Auge in die ursprüngliche Richtung wächst. Die Tragastverlängerungen werden ebenso geschnitten. Alle Zugäste werden schrittweise gekürzt und sollten im dritten Jahr gänzlich entfernt worden sein.

4. Der Baum braucht viel Pflege während dieser Zeit, da die Eingriffe ihn schwächen. Um ihn mit ausreichend Nährstoffen zu versorgen, kann man zum Beispiel Kompost am unteren Ende des Baumes einarbeiten und mit Mulch abdecken.

Definition: Trag-, Mittel- und Hauptäste

Der **Trag-, Haupt- oder Leitast** ist ein starker Ast, der vom Stamm ausgeht. Als **Mittelast** wird der Terminaltrieb des Baumes bezeichnet – die Stammverlängerung des Baumes, die in die Höhe wächst. **Seitenäste oder -triebe** sind kleinere Äste und Zweige, die am Leitast oder am Stamm wachsen. Leitäste und -triebe entspringen dem Mittelast in einem Winkel von 45-90°.

Mehrsortenbäume

Definition: Mehrsortenbäume
Mehrsortenbäume oder Familienbäume sind diejenigen Bäume, auf denen verschiedene Sorten wachsen.

Diese Bäume haben den ungemeinen Vorteil, dass sie nicht nur mehrere Geschmacksrichtungen produzieren, sondern auch zu unterschiedlichen Zeiten im Jahr tragen und somit mehrmals geerntet werden können. Im besten Fall bestäuben sich die Blüten des gleichen Baumes auch gegenseitig, was vor allem dann gewünscht ist, wenn der Baum abgelegen ist. Im Umkehrschluss weisen Mehrsortenbäume mehr Aufwand auf: Die unterschiedlichen Wuchsstärken und allgemein andere Eigenschaften müssen in der Pflege berücksichtigt werden. Das heißt, dass die Bäume einen guten Erziehungs- sowie Überwachungsschnitt benötigen. Die stärkeren Sorten könnten sonst die schwachen erdrücken oder die Wuchsrichtung zu stark beeinflussen.

Definition: Erziehungsschnitt und Überwachungsschnitt
Der Erziehungsschnitt umfasst vor allem die Schnitte, die in den ersten drei, aber bis zu zehn Jahre am Baum vorgenommen werden, um Wuchsrichtung zu bestimmen und Leitäste freizuhalten. Das Ziel des Erziehungsschnitts ist es, eine meist pyramidenförmige Form des Baumes zu erreichen und den Ertrag zu steigern. Der Überwachungs- oder Erhaltungsschnitt bezeichnet die jährliche Kontrolle der Wuchsrichtung des Baumes, die weniger ausführlich und kräftezehrend für den Baum ist.

Auf einem Familienbaum sollten etwa 4 bis 5 Sorten wachsen. Pro Hauptast sollte eine Veredelung stattfinden, die jeweiligen Veredelungspunkte sollten ungefähr einen Meter vom Stamm entfernt liegen. Insgesamt können aber auch mehr Sorten veredelt werden, als es Hauptäste gibt. Nebenäste können genau wie Hauptäste zur Veredelung genutzt werden, so dass sogar noch mehr Sorten auf einen Baum passen. In kleineren Gärten bewährt sich dagegen ein Baum mit zwei Sorten. Dabei wird die Stammverlängerung genutzt, um oben eine Sorte zu veredeln, während der untere Teil des Baumes die Ursprungssorte beibehält. So wachsen die zwei Sorten auf einem Baum, in zwei Etagen. Kombinationen, die besonders interessant sind, können beispielsweise sein:

- Eine Frühsorte und eine Spätsorte
- Verschiedene Farben der Früchte (z. B. rote und grüne Äpfel)
- Blüten, die sich gegenseitig bestäuben

Die zweite Sorte sollte allerdings innerhalb der ersten drei Jahre des Wuchses der Unterlage erfolgen. Die Pfropfköpfe können bis zu 5 cm stark sein, viel mehr sollten sie aber nicht messen – je jünger, desto besser. Damit die Edelreiser gut anwachsen, werden sie an den Seiten des Astes veredelt. Das heißt, dass die Veredelungsstelle so liegen sollte, dass die Reiser zur Seite wachsen können, anstatt oben „aufgepfropft“ zu werden.

Ein älterer Baum kann verjüngt werden, indem er auf 2 bis 3 Meter zugeschnitten wird. Dieser Eingriff ist sehr stark, weshalb die Wunden am Baum gut zu schützen sind. Führe den Eingriff am besten im Winter oder Frühling durch.

Veredeln von Ziergehölzen

Ein Ziergehölz ist ein Strauch oder Baum, der über farbiges, schönes Laub, besondere Blüten oder interessante Wuchsformen verfügt. Ziergehölze sind zur reiner Zierde und nicht wegen ihres Ertrages beliebt. Häufig verfügen sie über eine besondere Größe, Farbe oder Form. Zu den bekannteren Ziergehölzen zählen Ahorn, Magnolien, Blütenkirschen und Flieder. Wie Obstbäume lassen sich auch Ziergehölze veredeln.

Die Zweige, die zur Veredelung benutzt werden, sollten diesjährig sein und auch hier gilt, dass die Veredelungspartner möglichst nahe miteinander verwandt sein sollten. Unterschiedliche Sorten derselben Art lassen sich sehr leicht veredeln, aber auch innerhalb der eigenen Gattung oder Familie kann man positive Ergebnisse erzielen.

So kann man für den europäischen Flieder auch den Liguster als Unterlage verwenden, da beide derselben Familie der Ölbaumgewächse angehören.

Definition: Art, Gattung, Familie

Mit den Begriffen Art, Gattung und Familie wird die Nähe der Verwandtschaft bei Pflanzen beschrieben. Die Familie steht dabei ganz oben, die Gattung darunter und darunter die Art. Eine Sorte ist eine bestimmte Zuchtvariante einer Art. Bei Pflanzennamen kommt immer zuerst der Gattungsname, dann der Name der Art und schließlich die Sorte.

Beispiel:

Malus Domestica Gala ist der Name der Apfelsorte Gala, wobei *Malus* die Gattung *Äpfel*, *domestica* die Art *Kulturapfel* und *Gala* den *Sortennamen* stellt.

Gala und Braeburn gehören derselben Art an, die Art Kulturapfel gehört derselben Gattung an wie Zieräpfel und die Gattung Äpfel gehört zur Familie der Rosengewächse.

Eine Besonderheit bei der Veredelung von Ziergehölzen ist, dass die Unterlage in den meisten Fällen eine mit der Edelsorte verwandte Wildart ist. Die Wildsorte wird durch Aussaat herangezogen, um als Unterlage dienen zu können. Auf der Unterlage kann veredelt werden, sobald die Saat zwei bis vier Jahre alt ist.

Wie bei der Reisdicke ist das Maß für die perfekte Unterlage Bleistiftstärke. Das Ziergehölz, das als Unterlage dient, sollte knapp über der Wurzel ungefähr bleistiftdick sein.

Verwandte Arten eignen sich wie bei Obstbäumen am besten als Unterlage, wobei die Verträglichkeiten hier auseinandergehen können. Quitten können beispielsweise auf der verhältnismäßig weit entfernten Vogelbeere veredelt werden, während die Korkenzieherhasel besser auf der nah verwandten Baumhasel wächst.

Als Methoden zur Veredelung von Zierpflanzen kommen das Okulieren und das Rinden-Pfropfen in Frage, wenn die Augen kräftig sind, zumindest aber die Rinde. Kräftige Augen braucht es auch zur Chip-Veredelung. Ansonsten kann eigentlich jede andere Methode verwendet werden, sofern sie zur Sorte passt.

Veredeln im Kreislauf der Natur

Veredelung ist im Grunde nichts anderes als ein Eingriff in das natürliche Wachstum einer Pflanze. Mit viel Pflege und Aufmerksamkeit können die Pflanzen zu einer neuen symbiotischen Einheit wachsen, aber dennoch bleibt der Prozess anstrengend für die Pflanzen. Durch die Zusammenführung der Unterlage und des Edelreises wird der Pflanze langfristig geholfen, aber kurzfristig ein großer Eingriff in ihr natürliches Wachstum vorgenommen. Damit die Pflanze diesen stressigen Eingriff gut verkraftet und sie zu bestmöglicher Form treibt, sollte man den Veredelungsprozess dem Rhythmus der Pflanze anpassen.

Die grundlegenden Methoden der Veredelung wurden im vorangegangenen Kapitel ausführlich besprochen. Einige andere Methoden, die bislang nur namentlich erwähnt wurden, werden in diesem Kapitel etwas ausführlicher besprochen. Außerdem werden wir Dir anhand von Beispielen erklären, wie Du bestmöglich im Kreislauf der Natur veredelst.

Grundsätzlich muss man beim Zeitpunkt der Veredelung mit der Natur gehen und bei den Sorten so sensibel wie möglich sein. Die Wundverheilung sollte auch immer mitbedacht werden und kein nachgeordneter Hintergedanke sein. So können beide Pflanzen in Ruhe miteinander verwachsen und eine neue symbiotische Einheit bilden.

Methoden innerhalb der Ruhezeit der Pflanzen

Wie oben bereits angeführt, gibt es Methoden, die in der Ruhezeit der Pflanzen durchgeführt werden sollten. Zu diesen Methoden gehören:

- Anplatten
- Geißfuß-Veredelung
- Seitliches Einspitzen
- Kopulation
- Spalt-Pfropfen
- Chip-Veredelung

Jedes Jahr gibt es bestimmte Wachstumsphasen für die verschiedenen Pflanzenarten. Diese Phasen zusammengefasst nennt man den *Vegetationszyklus*. Den Vegetationszyklus kann man aufteilen in eine *Vegetationsruhe* oder *Ruhephase* und eine *Vegetationsperiode*. Von Pflanzenart zu Pflanzenart unterscheiden sich die genauen Zeitpunkte der Ruhe- und Vegetationsphase. Allerdings kann man für die meisten Bäume eine Vegetationsruhe zwischen Oktober und März feststellen. Während dieser Zeit steht die Vegetation, also das Wachsen und Gedeihen der Pflanze, bisweilen still oder geht nur sehr langsam und unbemerkt weiter. Man kann diese Phase sehr gut mit dem Winterschlaf von Tieren vergleichen. Während das für die meisten Pflanzen der Fall ist, gibt es durchaus auch Pflanzen, die so etwas wie einen *Trockenschlaf* im Sommer halten und im Winter ihre Vegetationsperiode haben.

Definition: Trockenschlaf

Trockenschlaf oder auch Sommerruhe bezeichnet die Verringerung von Aktivität durch besonders große Hitze oder trockene Wetterbedingungen. Dabei wird der Stoffwechsel heruntergefahren und der Energieverbrauch gesenkt. Trockenschlaf ist unter anderem bei wechselwarmen Tieren zu beobachten.

Die Ruhephase umfasst die Zeit, in welcher die mittlere Temperatur am Tag unter 10 °C liegt und somit auch Frost beinhaltet. Bei Obstgehölzen läuft die Winterruhe in drei Phasen ab:

- die Vorruhe,
- die Winterruhe sowie
- die Nach- und Zwangsruhe.

Zunächst beginnt eine **Vorruhe**. In dieser Vorruhe werden die Holzknospenentwicklung und das Wachstum der Triebe abgeschlossen. Reservestoffe werden eingelagert und der Baum wird auf den Winter vorbereitet. Ohne die Vorruhe könnte ein plötzlicher Wachstumsstopp den Trieben und Knospen des Baumes Schaden zufügen. Die Vorruhe muss daher möglichst störungsfrei ablaufen, denn sie kann sowohl von außen als auch von innen durcheinandergebracht werden. Extreme Witterungsbedingungen, wie hohe Trockenheit oder zu viel Feuchtigkeit, können dazu führen, dass die Triebe zu früh absterben oder zu früh treiben. Die entstandenen Knospen erfrieren dann im Winter. Edelreiser, die zu früh gekeimt sind, eignen sich nicht mehr für eine Veredelung. Durch fehlerhafte Schnitte kann die Vorruhe bereits im

Sommer unterbrochen werden und das Verholzen der Knospen im Winter verhindern. Die Vorruhe endet normalerweise mit dem Blattfall, also dann, wenn die eigentliche Ruhephase der Pflanze beginnt.

Die Temperaturen, mit denen die **Winterruhe** erreicht wird, sind von Sorte zu Sorte unterschiedlich, liegen aber meistens zwischen 5 und 7 °C. Das Einsetzen der Winterruhe wird von der Temperatur stark beeinflusst, weshalb ein warmer November dazu führen kann, dass die Winterruhe zu spät einsetzt. Über den Dezember ist der Baum dann in der tiefsten Phase der Winterruhe angelangt, während im Januar die Gehölze schon langsam auf das Ende der Ruhe zugehen.

Die darauffolgende Phase nennt man **Nach- oder Zwangsruhe**. Ähnlich wie die Vorruhe bereitet diese Ruhephase den Baum darauf vor, sich umzustellen. Außerdem verhindert die Nachruhe, dass die Bäume zu früh austreiben, wenn es nur kürzere Wärmeperioden gibt, die wieder von Kälte abgelöst werden.

Die drei Ruhephasen überschneiden sich zum Teil und können nicht ganz klar voneinander getrennt werden. Für das Ernten der Reiser ist es aber wichtig, darauf zu achten, dass die Knospen nicht erfroren sind, und deshalb am besten schon im Winter im Blick zu haben, ob der Baum gut in die Ruhephase übergeht. Schneide außerdem den Baum nicht kurz vor der Winterruhe zu viel ein, da sich daraus Schwierigkeiten für die Ruhephase ergeben können.

Obstbäume, die aus kälteren Gebieten kommen, haben wegen der verschiedenen Ruhephasen oftmals Probleme, gut anzuwachsen, da die wechselhaften Temperaturen hier oftmals zu verfrühter Keimung führen.

Anplatten

Das seitliche Anplatten wird angewendet, wenn

- die Unterlage und das Edelreis gleich dick sind,
- die Unterlage etwas dicker ist als das Edelreis,
- das Edelreis in Vegetationsruhe ist.

Das seitliche Anplatten ist eine Veredelungsmethode, die bei starken Unterlagen angewendet wird. Anplatten ist eine Pfropf-Variante, die im Spätwinter, Frühjahr und Sommer ihre Anwendung findet.

Beim seitlichen Anplatten werden das Edelreis und die Unterlage jeweils seitlich angeschnitten, bevor Du sie miteinander verbindest. Wie auch beim Rinden-Pfropfen müssen die Schnitte nicht perfekt übereinanderliegen – die

Kambiumschichten sollten sich allerdings berühren. Dass ein Teil hervorschaut, ist aber normal.
Für die Spätwinter- und Frühjahrsveredelung werden die Edelreiser im Januar geschnitten. Der Zeitpunkt zum Schneiden der Edelreiser sollte auf jeden Fall kühl sein, das Wetter nicht bedeckt. Die Edelreiser werden sorgsam gelagert, sodass sie vor Frost geschützt sind, aber auch noch nicht treiben. Das Edelreis sollte 3 bis 4 Augen haben. Vor allem Laubgehölze profitieren von einer Veredelung durch seitliches Anplatten. Koniferen, Johannisbeeren, Stachelbeeren und Esskastanien werden durch diese Methode veredelt.

An der Unterlage wird zunächst eine nach oben weisende Rindenzunge abgelöst. Schneide das Edelreis sowohl an der Vorder- als auch an der Rückseite oval an. Bringe das Edelreis dann an der Stelle an, wo die Rindenzunge gelöst wurde, und verbinde alles mit Bast und Kleber. Die Unterlage wird beim seitlichen Anplatten, anders als bei der Geißfuß-Veredelung, vor der Veredelung nicht abgeworfen. Bei einer Sommerveredelung wird etwa 10 cm oberhalb der Unterlage die Krone eingekürzt. Im darauffolgenden Frühjahr wird die Krone schließlich gänzlich entfernt. Schnittflächen müssen mit Baumwachs verarztet werden, damit der Baum die schweren Wunden gut verheilt.

Praxistipp: Esskastanie (Marone) veredeln

Die Esskastanie oder Marone wird üblicherweise durch seitliches Anplatten veredelt. Bei der Kastanie kann es zwischen der Edelsorte und der Unterlage immer wieder zu Unverträglichkeiten kommen, weshalb man hier aufpassen muss, welche Unterlage man wählt.

Die Unterlagen, die für Maronen verwendet werden, sind üblicherweise sehr stark wachsend und wachsen zu kräftigen und großen Bäumen heran. Die Ansprüche der Unterlage an den Boden sollten aber unbedingt erfüllt werden, damit sie gut anwächst. Außerdem sollte die Unterlage eine große Krankheitsresistenz vorweisen. Kastanien werden leicht von der Tintenkrankheit oder von Kastanienrindenkrebs befallen, die in Mitteleuropa zwar selten vorkommen, aber sich weiter ausbreiten.

Wenn im Frühjahr veredelt wird, können die Reiser bis in den März hinein geerntet werden. Die Reiser der Marone lassen sich verhältnismäßig unproblematisch und lange lagern, ohne dass sie direkt austreiben. April bis Mai ist die beste Zeit, um die Kastanienreiser schließlich zu veredeln. Wenn die Unterlage bereits austreibt, ist der Zeitpunkt ideal. Im Sommer sollte dagegen besser nicht veredelt werden. Wenn die Marone trotzdem im Sommer veredelt wird, müssen die Reiser unmittelbar vor der Veredelung geändert werden.

Geißfuß-Veredelung

Das Geißfuß-Pfropfen wird angewendet, wenn

- die Unterlage deutlich dicker ist als das Edelreis,
- das Edelreis in Vegetationsruhe ist.

Geißfuß-Veredelung findet vor allem bei Obstgehölzen ihren Einsatz. Im Winter wird sie bei Handveredelungen eingesetzt. Zwischen Februar und April kann die Geißfuß-Veredelung bei Unterlagen im Freien angewandt werden.

Bei der Handveredelung im Winter befinden sich sowohl Edelreis als auch Unterlage in Winterruhe. Sie sollten noch nicht angetrieben sein und „schlafen". Für die Handveredelung im Winter müssen die Edelreiser nicht gelagert werden und können sofort verwendet werden. Bei einer Frühjahrsveredelung werden die Reiser im späten Winter geschnitten und kühl bis in das Frühjahr gelagert.

Nach erfolgter Handveredelung der Unterlage mit dem Edelreis wird die veredelte Pflanze in Erde eingeschlagen. Alternativ kann auch Kompost verwendet werden. In einem frostfreien Raum wird die veredelte Pflanze bis ins Frühjahr gelagert. Achte darauf, dass die Pflanze auch nicht zu warm lagert, da sie sonst vielleicht schon zu treiben beginnt. Nach dem letzten Frost des Jahres kann die Pflanze in den Boden im Freiland gesetzt werden. Bei gelungener Veredelung treiben die Augen des Edelreises bereits im Frühjahr aus und bilden im Sommer vielleicht schon eine etwas kleinere Krone.

Praxistipp: Kirschbäume veredeln

Kirschbäume werden oftmals mithilfe der Geißfuß-Veredelung veredelt. Die Triebe des Kirschbaumes sollten einjährig und circa 30 bis 40 cm lang sein. Damit die Kirschen früh tragen, nimmt man am besten Kirschbäume mit schwachem Wuchs als Unterlage. Dadurch bleibt der neue veredelte Baum klein und man kann die Früchte früher ernten.

Die Unterlage wird bis auf den tragenden Ast zugeschnitten, bevor veredelt wird.

Kopulation

Die Kopulation wird angewendet, wenn

- die Unterlage und das Edelreis gleich dick sind.

Veredelung mithilfe von Kopulation wird im Spätwinter und Frühjahr durchgeführt. Die Edelreiser werden am besten Ende Dezember geschnitten, wenn der kalte Winter noch nicht komplett ausgebrochen ist. Auch Handveredelungen können direkt im Winter mithilfe des Kopulationsschnitts durchgeführt werden. Für eine Veredelung im Freien müssen die im Dezember geernteten Reiser allerdings kühl gelagert werden.

Praxistipp: Apfelbäume veredeln

Apfelbäume werden in der Regel durch Kopulation oder Okulation veredelt. Bei sehr jungen Setzlingen wird die Kopulation gerne angewendet, da Unterlage und Edelreiser noch eine ähnliche Dicke haben. Auch schlecht fruchtende Apfelbäume werden gerne kopuliert, um eine neue Apfelsorte zu tragen. Als Unterlage eignet sich ein Apfel-, aber auch ein Kirschbäumchen.

Bei der Kopulation des Apfelbaumes kann die Veredelung per Hand oder direkt im Freien erfolgen. Nach Verpflanzung oder Veredelung im Spätwinter – Dezember oder Januar – zeigt der Austrieb bereits im März oder April, ob die Kopulation erfolgreich war. Auch Zieräpfel können im Winter veredelt werden, damit sie im Frühjahr bereits treiben.

Spalt-Pfropfen und Lamellen-Pfropfen (bei Walnuss)

Das Spaltpfropfen wird angewendet, wenn

die Unterlage dicker ist als das Edelreis,

die Unterlage genauso dick ist wie das Edelreis,

die Unterlage und das Edelreis in der Vegetationsruhe sind.

Da das Spalt-Pfropfen ein echter Allrounder ist, wird es gerne für viele verschiedene Bäume angewendet. Während der Vegetationsruhe wird vor allem Januar und Februar gepfropft, es kann aber auch bis Ende Mai noch mittels Spalt-Pfropfen veredelt werden. Kirschbäume werden sehr gerne mit dieser Methode gepfropft, am besten an Tagen ohne Frost ab Januar bis Ende Februar.

Beim Veredeln der Walnuss wird das sogenannte „Lamellen-Pfropfen" durchgeführt. Die Walnuss wird klassischerweise als Handveredelung bereits im Winter gepfropft. Dazu ist der Dezember der beste Monat, solange noch kein Bodenfrost herrscht. Der Baum muss in etwa ein bis zwei Jahre alt sein, bevor er veredelt werden kann. Die Unterlage kann als Nuss selbst gesät und gezogen werden, ehe sie nach ein bis zwei Jahren veredelt werden kann. Die Jungpflanze wird zum Veredelungszeitpunkt ausgegraben und auf etwa 15 Zentimeter eingekürzt. Seitentriebe werden abgeworfen, ehe der junge Baum in einen Topf umgepflanzt wird. Nun kannst Du eine durchsichtige Plastiktüte über den Jungbaum geben. Dadurch werden Wärme und Feuchtigkeit in der Pflanze gehalten. Die Knospen bilden sich dadurch leichter und treiben besser aus. Die kleine Walnuss wird in einem hellen Raum bei etwa 20 °C platziert und regelmäßig gewässert, damit sie schön antreibt. Nach 14 bis 28 Tagen fängt der Jungbaum an, zu treiben. Der Walnussbaum ist dann bereit für die Veredelung.

Das Edelreis wird zu diesem Zeitpunkt vom Baum geschnitten. Es sollte auf etwa 10 cm eingekürzt werden, ehe es mit der Unterlage gepaart wird. Das Edelreis kann nun entweder über einen Kopulationsschnitt oder über das Pfropfen mit der Unterlage verbunden werden. Verstreiche die Wunde mit flüssigem Wachs.

Der Jungbaum wird nun an einem warmen Ort in der Wohnung platziert. Dazu eignet sich auch der Standort, an dem die kleine Walnuss zuvor gewachsen ist. Gib wieder die Plastiktüte über den Baum. Auf diese Art wird eine Art kleines „Gewächshaus" erzeugt und das Bäumchen kann wieder warm und feucht werden. In den folgenden Wochen sollte die gepfropfte Walnuss regelmäßig kontrolliert werden und potenzielle Austriebe unterhalb der Wunde sollten sofort abgeschnitten werden.

Für etwa 2 bis 3 Monate wird die Plastiktüte über dem Bäumchen gelassen, ungefähr so lange, bis die ersten Blättchen zu sprießen beginnen. Bis zum März wird der Topf dann in einem Gewächshaus oder an einem halbschattigen Ort im Garten platziert. Wenn es noch frostet, muss der Baum in der Nacht aber aus dem Garten wieder ins Haus geholt werden. Sobald keine Frostgefahr mehr besteht, darf das Bäumchen dann in den Garten gepflanzt werden.

Chip-Veredelung

Die Chip-Veredelung wird angewendet, wenn

- die Unterlage und das Edelreis in Vegetationsruhe sind oder
- die Unterlage und das Edelreis in Saft stehen.

Sowohl bei Chip-Veredelung als auch bei der Okulation wird vom Reis nur ein einzelnes *Auge* benötigt. Bei der Chip-Veredelung wird das Auge mit einem kleinen *Chip* (englisch für Span) herausgeschnitten, bei der Okulation mit einem etwas anderen Gewebe. Die Chip-Veredelung ist, anders als das Geißfuß-Pfropfen, eine sehr einfache Methode und kann vielseitig angewandt werden. Sie ist dennoch weitaus weniger beliebt, obwohl sie sich sowohl im Spätsommer als auch während des Winters und des Frühjahrs anwenden lässt. Bei der Chip-Veredelung muss die Rinde im Gegensatz zur Okulation nämlich nicht gelöst werden.

An der Unterlage wird ein schräger Schnitt angesetzt, um ein wenig Holz freizulegen. Mit einem gegengleichen Schnitt wird ein kleines Rindenschild mit Auge (Chip) vom Edelreis abgeschnitten. Dieses Stückchen Rinde wird dann an die Unterlage gesetzt und mit ihr verbunden.

Praxistipp: Chip-Veredelung – Anleitung

Werfe die seitlichen Triebe der Unterlage sorgfältig ab. Setze horizontal an der Unterlage einen Schnitt nach oben. Der Schnitt sollte in etwa 2 bis 3 mm tief sein. Setze nun etwa 3 cm oberhalb des Schnittes einen zweiten Schnitt und führe ihn nach unten, so dass eine kleine Zunge herausgeschnitten wird. Diese Zunge wird nicht mehr gebraucht, kann aber als Referenz zum Schneiden beim Edelreis dienen. Am Edelreis wird mit einem gegengleichen Schnitt ein schlafendes Auge herausgeschnitten. Achte darauf, dass dieses Stückchen Span genauso groß ist wie das Stück, das aus der Unterlage herausgeschnitten wurde. Das Kambium der Rinde muss sich unbedingt decken. Setze Unterlage und Edelreis-Chip zusammen und verfahre wie üblich, indem Du die Wunde verbindest und verstreichst. Im Frühjahr ist Baumwachs notwendig, im Sommer nicht.

Die Chip-Veredelung ist aufgrund ihrer einfachen Durchführung sehr flexibel. Obwohl sie im Winter angewandt werden kann, wird sie auch bis in den Sommer hinein durchgeführt. Diese Veredelungsart kommt ursprünglich aus den USA, wo sie auch ihre weiteste Verbreitung findet. Dort wird sie vorzugsweise an Eichen angewandt. In Israel werden aber auch Zitruspflanzen auf diese Art und Weise veredelt. Vorteile gegenüber der Okulation:

- Die Rinde muss nicht lösbar sein, weswegen die Chip-Veredelung auch im Winter Anwendung finden kann.
- Bei der Chip-Okulation ist keine Gefahr einer Überwallung gegeben, bei der Okulation ist diese jedoch präsent.

Nachteile gegenüber der Okulation:

Da kein Okulations-Schnell-Verband genutzt wird, dauert das Verbinden der Wunde bei der Chip-Veredelung etwas länger.

Definition: Überwallung
Beim Verschließen von pflanzlichen Wunden kann es zu Überwallung kommen. Dabei entsteht Kallus, der Wundverschluss der Pflanze. Wenn die Wunde nicht sauber, also glatt verheilt, sieht man das im Nachhinein an großen Wulsten, die um den Wundverschluss herum aus Kallus gewachsen sind.

Zitruspflanzen lassen sich zwar durch verschiedene Methoden veredeln, allerdings müssen sie dafür schon in Saft stehen. Das ist bei der Chip-Veredelung jedoch nicht der Fall, weswegen auch hierzulande Zitronen gerne mit der Chip-Veredelungs-Methode veredelt werden. Auch Mandarinen, Orangen und andere Zitruspflanzen lassen sich auf diese Art gut veredeln.

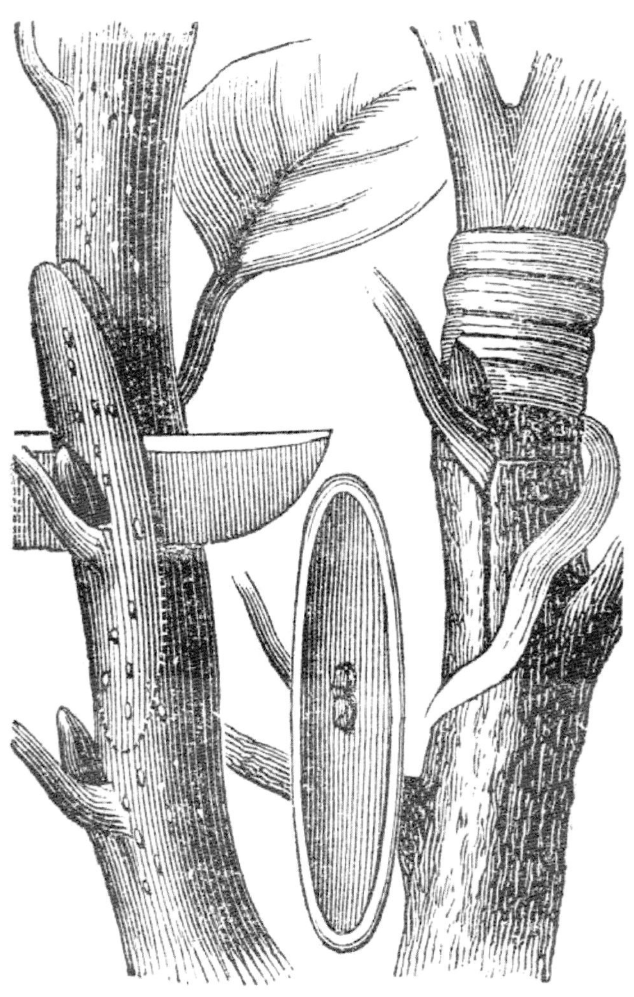

Praxistipp: Chip-Veredelung – Anleitung

Für Zitronen eignen sich Bitterzitronen oder -orangen als Unterlage, da diese besonders widerstandsfähig und kältefest sind. Das Edelreis und die Unterlage sollten sich etwa im Durchmesser gleichen, damit die Veredelung erfolgreich durchgeführt werden kann.

Schneide das Rindenstück in etwa 2 cm dick aus der Unterlage mittels der oben beschriebenen Methode heraus. Der Schnitt verläuft parallel zum Holz. Nachdem Du den Span entfernt hast, kannst Du das Edelreis ähnlich zuschneiden, so dass das Rindenplättchen in etwa 1 cm ober und unter dem schlafenden Auge endet.

Der Span wird an die Unterlage geklemmt, so dass die Kambiumschichten aufeinanderliegen. Verbinde die Wunde und schaue nach etwa 2 bis 3 Wochen nach der Stelle: Der Span sollte noch grün sein und um ihn herum sollte sich Kallusgewebe gebildet haben.

Methoden innerhalb der Vegetationsperiode

Definition: Vegetationsperiode

Die Vegetationsperiode bezeichnet die Zeit im Jahr, in der die Flora photosynthetisch aktiv ist. Die Photosynthese ist der natürliche Stoffwechsel einer Pflanze, in welcher Sonnenlicht in den Blättern in Nährstoffe umgewandelt wird. In dieser Zeit des Jahres blühen die Pflanzen, sie wachsen und sie fruchten. Die Vegetationsperiode dauert in der Regel von April bis Oktober. Neben dem Temperaturanstieg ist auch eine ausreichende Versorgung mit Wasser und Nährstoffen notwendig, um die Vegetationsperiode einzuläuten.

Bei einjährigen Pflanzen fängt die Vegetationsperiode mit der Keimung an und endet mit dem Sterben der Pflanze. Bei Pflanzen, die zwei- oder mehrjährig sind, beginnt die Vegetationsperiode mit dem Austreiben. Krautige Pflanzen gehen in die Vegetationsperiode über, sobald sie sich in ihre Überdauerungsorgane einziehen. Holzige Pflanzen – wie Bäume – befinden sich bis zum Welken der Blätter in der Vegetationsperiode. Immergrüne Pflanzen verlieren ihre Blätter nicht, weshalb das Ende der Vegetationsperiode durch den Stopp des aktiven Wachstums gekennzeichnet ist.

Die Vegetationsperiode wird bei Obstbäumen eingeläutet, indem die schon zuvor gebildeten Enzyme in die Knospen transportiert werden. Dort stehen sie beim Austrieb zur Verfügung und müssen nur aktiviert werden. Die Umgebungsfaktoren – Wetter, Temperatur, Nährstoffe – bestimmen während der Vegetationsperiode das Wachstum des Baumes, unterstützt von den vorhandenen und neu gebildeten Enzymen. Während der Vegetationsperiode erfolgen sowohl das vegetative Wachstum als auch das generative Wachstum der Pflanze.

Definition: Vegetatives und generatives Wachstum
Die Begriffe *vegetativ* und *generativ* beziehen sich jeweils auf *ungeschlechtlich* und *geschlechtlich*. Ähnlich wie bei der Fortpflanzung kann man auch beim Wachstum der Pflanzen zwischen diesen beiden Formen unterscheiden. *Vegetatives Wachstum* beschreibt das Wachstum der ungeschlechtlichen Bestandteile der Pflanze, also Blätter, Stängel und Wurzeln. *Generatives Wachstum* dagegen beschreibt das Wachstum der geschlechtlichen Bestandteile der Pflanze, also Blüten, Samen und letztlich Früchte. Die Energie muss von der Pflanze zwischen generativem und vegetativem Wachstum aufgeteilt werden. Licht und Temperaturen führen dazu, dass die Pflanze vom vegetativen ins generative Wachstum wechselt.

Die Vegetationsperiode beginnt mit einer Mobilisierungsphase, in welcher die Wurzeln und das Blätterwachstum aktiviert werden. Diese Phase beginnt im Februar oder März und endet zwischen April und Mai. Dies ist die Zeit, in welcher der Baum vollkommen in Saft steht: Die Blätter sind noch nicht voll ausgebildet, weswegen sie das vom Boden aufgenommene Wasser nicht verbrauchen und es im Stamm eingespeichert wird. Zwischen Mai und August, manchmal bis in den September hinein, beginnt dann die Wachstumsphase, in welcher die Rohstoffe aktiv im vegetativen und generativen Wachstum genutzt werden. Das vegetative Wachstum ist ungefähr Mitte Juli abgeschlossen. Wie lang und kräftig die Triebe werden, wird von verschiedenen Faktoren beeinflusst, zum Beispiel vom Schnitt, dem Alter und dem Fruchtbehang. Ein Schnitt am Baum erfolgt am besten während der Vegetationsperiode, da der Baum in dieser Zeit viel Kallus produziert und die Wunde gut versorgen kann. Allerdings sollte der Schnitt – auch das Abwerfen der Krone – am besten Mitte Juni erfolgen, nachdem der Blattaustrieb bereits begonnen hat. In der Mobilisierungsphase steht der Baum häufig noch zu sehr in Saft und überwallt bei einem frühzeitigen Schnitt.

Rinden-Pfropfen

Das Rinden-Pfropfen wird angewendet, wenn

die Unterlage deutlich dicker ist als das Edelreis,
das Edelreis in Vegetationsruhe ist und
die Unterlage in Saft steht.

Rinden-Pfropfen ist eine beliebte Methode, um „Naschbäume", also Mehrfruchtbäume, zu erzeugen.

Besonders beliebt ist das Rinden-Pfropfen für das Umpfropfen von Sorten. Da die Rinde gelöst werden muss, findet das Rinden-Pfropfen im Frühjahr statt. Die Rinde sollte gut in Saft stehen, damit sie sich leicht lösen lässt.

In der Regel findet das Rinden-Pfropfen im April statt, bevor der Blattaustrieb beginnt. Allerdings kann sogar im Sommer, bis nach dem Blattaustrieb im Juli, und manchmal sogar Anfang September erfolgreich gepfropft werden.

Beide Zeitpunkte haben ihre Vor- und Nachteile. Rinden-Pfropfen im Frühjahr, zwischen April und Mai, hat den erheblichen Nachteil, dass es mit Winterreisern durchgeführt wird. Das Anwachsen der Winterreiser ist häufig schwieriger als das der frischen Sommerreiser; außerdem geht damit die unter Umständen komplizierte Lagerung der Reiser einher. Allerdings ist der Eingriff im Frühjahr oftmals nachhaltiger als der im Sommer: Da die Wundverheilung im Sommer nicht so gut anläuft wie im Frühjahr, kann der Schnitt an der Unterlage zu Folgeschäden führen. Die Reservevorräte an Nährstoffen werden dadurch angegriffen und der Baum ist anfälliger für Frostschäden im folgenden Winter. Ob im Frühjahr oder Sommer veredelt wird, sollte daher von Sorte und individuellen Gegebenheiten des Baumes und des Ortes abhängig sein. Neben Mehrfruchtbäumen werden Gehölze wie Eschen und Birken in Baumschulen häufig mittels Rinden-Pfropfen veredelt. Flieder kann im zeitigen Frühjahr oder Ende Juli bis Anfang August mittels Rinden-Pfropfen veredelt werden.

Okulation

Die Okulation wird angewendet, wenn

- die Unterlage in Saft steht,
- das Edelreis diesjährig ist.

Bei der Okulation wird, anders als bei der Chip-Veredelung, das zu veredelnde Auge nur mit einem ganz kleinen Stückchen Rinde vom Edelreis entfernt. Da das Auge hinter die Rinde geschoben wird, muss auch hierfür die Unterlage in Saft stehen. Die beste Zeit, um die Augen-Veredelung durchzuführen, ist die Zeit zwischen Ende Mai bis Anfang September. Der Zeitpunkt für die Veredelung ist auch abhängig vom Wetter. In längeren Trockenperioden können die Augen nicht gut anwachsen, weshalb feuchtere Phasen zu bevorzugen sind. Falls die Veredelung dennoch zu einer trockenen Zeit stattfindet, kann man mit regelmäßiger Bewässerung oder sogar durch Düngemittel das Problem lösen. Oftmals lässt sich vorab auch nicht gut abschätzen, wie lange gewisse Wetterperioden anhalten – und das Auge braucht einige Zeit, um anzuwachsen.

Das Edelreis wird meistens im Juli geerntet, da die Knospen für die Okulation ausgereift sein müssen. Bei wenigen Sorten sind die Knospen schon früh reif. Wenn Du im Mai oder Juni veredeln möchtest und die Knospen der Edelsorte um diese Zeit noch nicht sprießen, musst Du Edelreiser aus dem vorherigen Jahr verwenden. Dazu müssen die Reiser während der Vegetationsruhe geerntet werden und über einen längeren Zeitraum dunkel und kühl gelagert werden.

Bei später Veredelung treibt die Okulation auch erst spät aus, das bedeutet, bei einer Sommerveredelung im folgenden Frühling. Nur in wärmeren Gebieten treibt die Knospe noch im selbigen Jahr aus. Eine Okulation im Frühjahr nennt man auch „Okulation auf das treibende Auge", da dieses ebenfalls im selben Jahr noch austreibt. Da allerdings nicht genügend Zeit ist, um auszureifen, friert der Trieb im Winter zurück. Die Okulation auf dem „schlafenden Auge" wird daher von den meisten Gärtnern bevorzugt.

Bei der Okulation von Obst wird das schlafende Auge in einer Länge von 2 bis 4 cm ausgeschnitten, bei Rosen in einer Länge von etwa 1 bis 2 cm. Um das Edelauge besser in die Hand nehmen zu können, kann man einen kleinen Blattstiel am Auge belassen. Der Blattstiel kann auch bei der späteren Erfolgskontrolle von Nutzen sein. Da die Edelaugen besonders empfindlich gegen Trockenheit sind, sollte die Okulation schnell erfolgen und das Auge rasch mit der Unterlage verbunden werden.

Praxistipp: Erfolgskontrolle bei der Okulation

Nach etwa ein bis drei Wochen kann man am Blattstiel des Edelauges überprüfen, ob die Okulation erfolgreich war. Ist er hell, prall, bei Berührung empfindlich oder bereits abgefallen, ist die Veredelung gelungen. Durch die Verbindung des Kambiums des Edelauges mit dem Kambium der Unterlage werden Nährstoffe zwischen den Veredelungspartnern ausgetauscht. Das führt dazu, dass das Edelauge mit Nährstoffen versorgt wird, der Blattstiel also noch Wasser enthält. Allerdings beginnt auch eine Abtrennung am Blattstiel, da zusätzliches Gewebe gebildet wird. Der Stiel fällt also letztlich dadurch ab, dass er von dem neuen Gewebe verdrängt wird. Ein eingetrockneter Blattstiel spricht jedoch für eine nicht erfolgreiche Veredelung: Der Stiel konnte nicht mit Wasser versorgt werden, da das Kambium der Partner sich nicht verbunden hat und daher keine Versorgung des Edelauges über die Unterlage erfolgt.

Im Winter kann die Veredelungsstelle geschützt werden, indem Erde über sie gegeben wird. Dadurch gelangt weniger Kälte an die noch heilende Wunde. Die Pflanze wird im darauffolgenden Frühjahr abgeworfen und der Winterschutz wird entfernt. Da die Unterlage durch die höheren Temperaturen in Saft zu stehen beginnt, treibt das Auge im Frühjahr aus. Rosen können schon im auf die Veredelung folgenden Jahr gegen Herbst verkaufsfähig sein.

Die Okulation ist ein Verfahren, das relativ verlässlich gute Ergebnisse zeigt und für viele verschiedene Pflanzensorten anwendbar ist. Je nach Sorte gibt es passendere und weniger gut passende Anwendungsformen. Die einfache Form der Okulation findet mittels des T-Schnittes statt, allerdings kann dieser auch umgekehrt stattfinden.

Praxistipp: T-Okulation und umgekehrte T-Okulation

Der klassische Schnitt der Okulation in Form eines „T“ wird auch „T-Okulation“ genannt. Dabei wird als Erstes ein Längsschnitt von 2 bis 4 Zentimetern in die Unterlage gezogen. Danach folgt ein bündiger Querschnitt oberhalb des Längsschnittes. Bei der umgekehrten T-Okulation wird der Querschnitt unter den Längsschnitt gesetzt, so dass ein „umgekehrtes“ T entsteht. Auf diese Art und Weise kann vermieden werden, dass Wasser in die Wunde läuft. Normalerweise wird der umgekehrte T-Schnitt nur bei Zitruspflanzen angewandt.

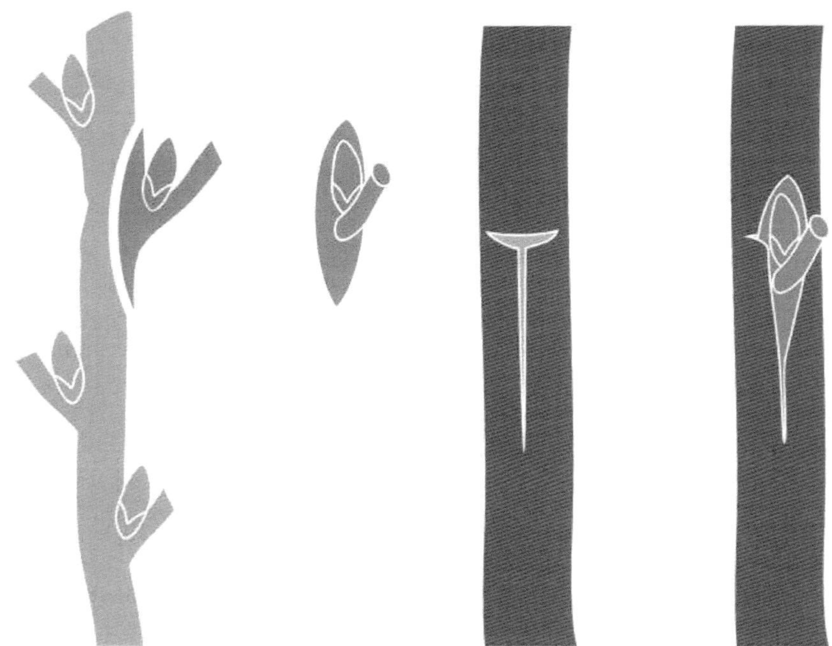

Nicolieren

Definition: Nicolieren
Das Zwischenpfropfen einer anderen Sorte nennt man auch „Nicolieren“. Es wird hauptsächlich für die Veredelung von Obstbäumen eingesetzt.

Wenn Edelsorte und Unterlage sich nicht vertragen, kann man zwischenveredeln, indem man ein dünnes Plättchen einer anderen Sorte zwischen die beiden Partner legt. Die dritte Sorte muss sowohl mit der Unterlage als auch mit der Edelsorte verträglich sein, damit das Nicolieren erfolgreich ist. Die Okulation ist die Grundlage dieser Veredelungsmethode.

Das Nicolieren wurde erst in den 50er Jahren entwickelt und ist daher eine sehr junge Veredelungsmethode. Das erste Nicolieren fand bei Birnensorten statt, die mit den ihnen zugewiesenen Quittenunterlagen unverträglich waren. Der Name stammt von seinem Erfinder, dem Baumschuler Peter Nicolin. Die Zwischenveredelung, die beim Nicolieren verwendet wird, hat meistens ungefähr die Stärke von einem Millimeter. Beim erfolgreichen Nicolieren wird durch die Zwischenveredelung die Unverträglichkeit aufgehoben und die drei Veredelungspartner wachsen problemlos zusammen.

Da das Nicolieren vor allem an Birnen getestet wurde, wird es noch heute vorwiegend bei Birnen angewandt. Das Zwischenveredeln ergibt vor allen Dingen dann Sinn, wenn die Unterlage außerhalb der Unverträglichkeit die idealen Voraussetzungen hat, um der Edelsorte die gewünschten Vorzüge zu geben. Bei der Birne ist es beispielsweise so, dass die Quitte hervorragende Ernte bringt, obwohl sie sich nicht immer gut mit der Birne verträgt. Da das Nicolieren eine erweiterte Methode der Okulation ist, wird sie idealerweise auch im Frühjahr oder Sommer durchgeführt.

Praxistipp: Nicolieren von Birnen

Birnen sind prinzipiell sehr ergiebige Veredelungspflanzen. Man muss aufpassen, dass die Edelreiser nicht zu früh austreiben, da sie sehr empfindlich auf Wärme reagieren. Die Birnenreiser müssen daher, sofern im Winter geerntet, optimal gelagert werden. Birnenreiser werden für eine Veredelung im Frühjahr im Winter bis in den März hinein geerntet. Sollte die Birne im Sommer veredelt werden, so werden sie direkt vor der Veredelung geerntet.

Die Unverträglichkeiten der Birnensorten mit den Quittenunterlagen sind meistens bekannt – eine unverträgliche Veredelung kann daher schon frühzeitig festgestellt werden. Sofern die Birne mit der Quittenunterlage unverträglich ist, wird eine dritte Sorte – eine Birne – hinzugezogen. Eine sehr verträgliche Sorte ist beispielsweise *Gellerts Butterbirne*. Diese Sorte bildet dann den Bund zwischen Quitte und Birne.

Anleitung: Nicolieren

Für das Nicolieren verfährst Du wie bei der Okulation mit Unterlage und Reiser. Für die dritte Sorte werden Reiser wie bei der Edelsorte geerntet – sie soll sich an die Unterlage schmiegen wie ein Edelreis. Dann schneidest Du ein Augenschild aus dem Edelreis, genau wie bei der Edelsorte. Dieses Augenschild wird nicht benötigt und kann entfernt werden. Aus dem freigelegten Reisanschnitt kannst Du nun eine Scheibe schneiden, die in etwa so groß wie das Augenschild der Edelsorte und 1 bis 1,5 mm dick sein sollte. Dieses Schild wird in den T-Schnitt der Unterlage geschoben – wie bei einer normalen Okulation. Die Edelsorte wird auf das Schild (mit dem Auge nach außen gerichtet) geschoben und alles wird gemeinsam mit Bast und Wachs verbunden. Durch diese Art des Nicolierens werden meistens sogar ertragreichere Bäume geschaffen als ohne die Zwischenveredelung.

Der Pflanzenguide: Welche Pflanzen kann ich veredeln?

Alle Veredelungen folgen denselben Grundlagen, aber für jede Pflanzengattung, -art und -sorte gibt es unterschiedliche Veredelungsmethoden. Welche Pflanzen zu welcher Methode passen, ist von vielen Faktoren abhängig – da kann man schon mal den Überblick verlieren. Genau aus diesem Grund findest Du hier eine Übersicht über die verschiedenen Pflanzenarten und darüber, was bei ihrer Veredelung zu beachten ist.

Voraussetzungen für eine erfolgreiche Veredelung

Der Sinn einer Veredelung ist letztlich, eine Edelsorte mit einer Unterlage zu versehen, die sie gut versorgen kann. Damit diese Versorgung problemlos gewährleistet werden kann, benötigt die Unterlage ein kräftiges Wurzelwerk. Das Wurzelsystem muss zu dem gewünschten Ergebnis passen. Ein großes und umfangreiches Wurzelsystem ist nicht automatisch gut für jede Pflanze. Die Passung zwischen Wurzelsystem der Unterlage und dem gewünschten und zu erzielenden Behang, der Blattmasse und der zu erwartenden Anzahl an Früchten ist von oberster Priorität.

Die Nährstoffversorgung sorgt gleichsam dafür, dass alle Pflanzenteile wachsen können und dass sie krankheitsresistent bleiben. Neben der Versorgung sorgen die Wurzeln außerdem dafür, dass der Baum oder die Pflanze sicher im Boden verankert ist und nicht leicht von Sturm, Wetterumschwung oder anderen äußeren Einwirkungen beschädigt werden kann. Durch ein sicheres und gutes Wurzelsystem wird die Pflanze stark und kräftig: Kräftigere Wurzeln erzeugen in der Regel kräftigere Blätter, diese wiederum sorgen für viel Zucker und Eiweiße über die Fotosynthese. Ein schwacher Blattwuchs kann also auch ein Zeichen mangelnder Ernährung durch die Wurzeln sein.

Gehölze werden am meisten veredelt. Manchmal werden sowohl Obst- als auch Ziergehölze auf Unterlagen veredelt, die nur schwach wachsen, um ihr starkes Wachstum etwas zu drosseln. Rosengehölze dagegen werden eher auf starken und widerstandsfähigen Wildarten veredelt, da sie so besser geschützt sind.

Auch ein paar Gemüsesorten können veredelt werden. Mehr zu dem Thema Gemüseveredelung findest Du im entsprechenden Bonus-Kapitel am Ende des Buches.

Veredelung von Obstgehölzen

Der Hauptgrund für die Veredelung eines Obstbaumes ist in der Regel, die Sorte zu erhalten. Allerdings hat die Veredelung den Vorteil, dass dadurch auch die Wuchsstärke beeinflusst wird.

Wie bereits erwähnt, ist es manchmal von Vorteil, einen schwächeren Wuchs zu haben. Bei Obstbäumen ist dies manchmal im Heimgarten, aber auch in der Kultivierung der Fall. Obstbäume, die langsamer wachsen, sind leichter zu pflegen und auch einfacher zu ernten. Wenn auf einer Unterlage veredelt wird, die einen schwachen Wuchs hat, führt das außerdem meistens zu einem deutlich früheren Ertrag. Bei starkwüchsigen Unterlagen erfolgt die Ernte oft erst mehrere Jahre nach Veredelung.

Da die Nachfrage nach passenden Unterlagen für Obstbäume groß ist, werden die entsprechenden Unterlagen mittlerweile speziell gezüchtet. Diese werden als Absenker oder Abrisse vermehrt. Für Apfelbäume gibt es zum Beispiel eine sehr beliebte Unterlage, die sich „M9" nennt. Die Unterlage M9 ist stark wachstumsbremsend. Apfelsorten, die auf ihr veredelt werden, werden nur bis zu 3 Meter hoch. Die passende Unterlage, was es bei der Veredelung zu beachten gibt und einiges mehr findest du in dem folgenden Überblick.

Apfel (Malus Domestica)

Veredelungsmethode:	Kopulation, Okulation
Veredelungszeit:	Dezember bis April (Winterveredelung), Juli bis August (Sommerveredelung)
Geeignete Unterlage:	Apfelsorte M27, M9
Weitere Informationen:	Die Unterlage M9 ist besonders wuchsschwach und eignet sich daher für die Heimveredelung ideal.

Aprikose (Prunus Armeniaca)

Veredelungsmethode:	Okulation
Veredelungszeit:	Juli bis August (September)
Geeignete Unterlage:	Sämling (Prunus Armeniaca, Prunus Domestica, Prunis Persica), Pflaume Brompton
Weitere Informationen:	Die Aprikose wird hauptsächlich über Okulation vermehrt. Die Reiser sind sehr sensibel gegenüber Wärme, weshalb sie leicht austreiben, aber auch vertrocknen. Bei Frühjahrsveredelung müssen die im Winter geernteten Reiser daher sehr gut und kühl gelagert werden.

Avocado (Persea americana)

Veredelungsmethode:	Seitliches Anplatten, Kopulation
Veredelungszeit:	Januar bis Dezember
Geeignete Unterlage:	Sämling (Persea Americana)
Weitere Informationen:	Die Avocado-Unterlage sollte mindestens 1 Jahr alt sein, bevor auf ihr veredelt wird. Eine Avocado zu veredeln, bringt auch den positiven Vorteil, dass die Wuchsrichtung der Pflanze erweitert werden kann. Im dritten Jahr ist die Pflanze meistens schon fruchtbar.

Birne (Pyrus communis)

Veredelungsmethode:	Anplatten, Kopulation, Okulation, Geißfuß
Veredelungszeit:	März bis April, August (Okulation)
Geeignete Unterlage:	Quitte A, Quitte Adams, Sämling (Pyrus communis)
Weitere Informationen:	Bei Birnen sind Zwischenveredelungen auf verträglichen Birnensorten üblich. Quitten verfügen über ein sehr hartes Holz, das Pfropfen sollte, wenn möglich, vermieden werden.

Esskastanie (Castanea sativa)

Veredelungsmethode:	Rinden-Pfropfen, Anplatten, Kopulation, Chip-Veredelung
Veredelungszeit:	April bis Mai
Geeignete Unterlage:	Sämling (Castanea sativa, Castanea creata, Castanea molissima, hybride Formen)
Weitere Informationen:	Die Verträglichkeit der Edelsorte mit der Unterlage steht bei der Unterlagenwahl an erster Stelle. Außerdem sind Kastanien anfällig für die Tintenkrankheit und Rindenkrebs, weswegen die gewählte Unterlage unbedingt eine Widerstandsfähigkeit in dieser Hinsicht aufweisen sollte. Esskastanienunterlagen werden fast immer durch Sämlinge gezogen. Hybridunterlagen sind auch im Handel erhältlich.

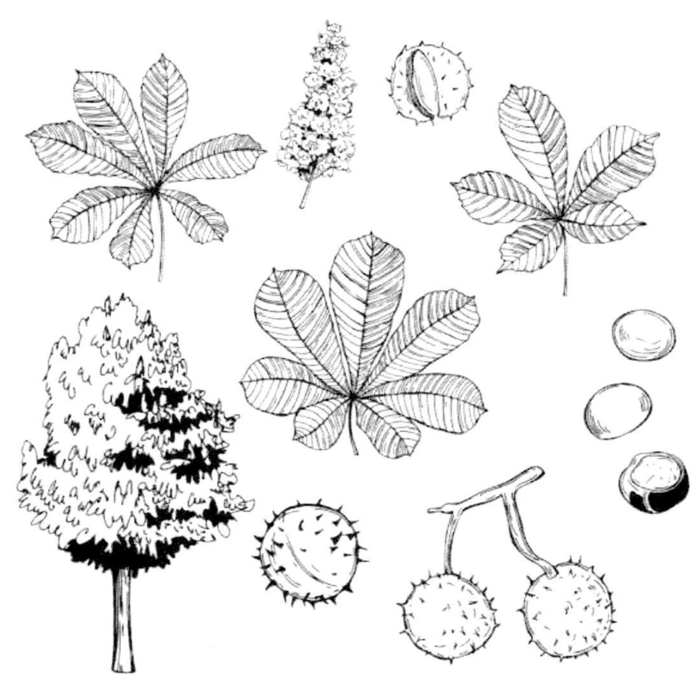

Indianerbanane Pawpaw (Asimina tribola)

Veredelungsmethode:	Seitliches Anplatten, Kopulation
Veredelungszeit:	Dezember bis Mai
Geeignete Unterlage:	Sämlinge (Asimina tribola)
Weitere Informationen:	Die Unterlage für die Pawpaw sollte mindestens 2 Jahre alt sein, bevor sie als Unterlage zur Veredelung genutzt wird. Die Wurzeln der Pawpaw sind sehr frostempfindlich, deswegen sollte sie über den Winter gut geschützt werden.

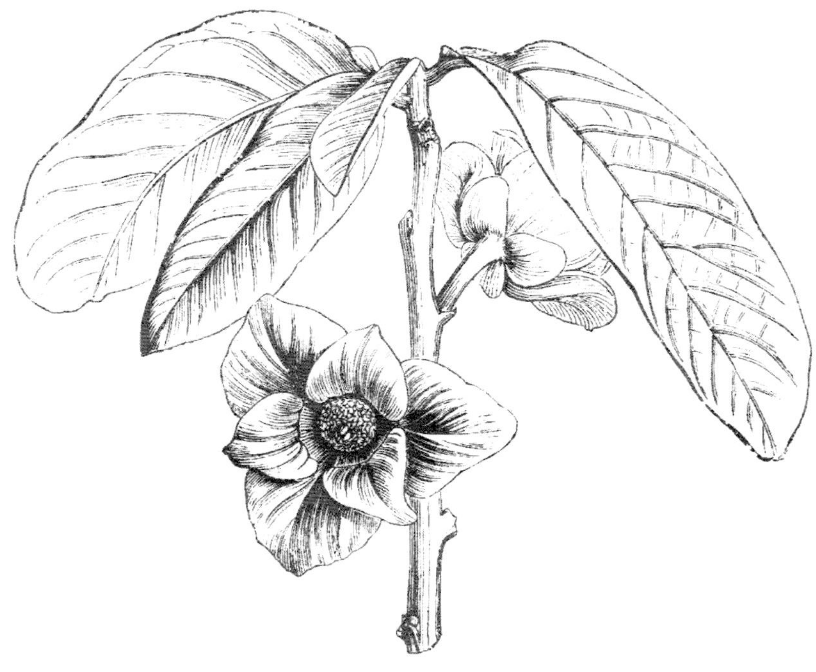

Kaki (Diospyros Kaki)

Veredelungsmethode:	Anplatten
Veredelungszeit:	Mai bis Juni
Geeignete Unterlage:	Lotuspflaume, Amerikanische Kaki
Weitere Informationen:	Da eine frisch veredelte Kaki oftmals anfällig für Frostschäden ist, sollten die Kakibäume bei frühzeitiger Veredelung nicht sofort draußen verpflanzt werden, sondern per Hand veredelt werden. Nach Frostende kann die Kaki dann in die Freiheit gesetzt werden.

Kiwi (Acfinidia deliciosa)

Veredelungsmethode:	Okulation, Kopulation mit Gegenzunge, Chip-Veredelung
Veredelungszeit:	Januar bis März (Winterveredelung), Juli (Sommerveredelung)
Geeignete Unterlage:	Sämling (Acfinidia Deliciosa)
Weitere Informationen:	Die meisten Kiwis werden auf Sämlingen derselben Art veredelt. Die Kiwiunterlage kann über Wurzelstecklinge herangezogen werden.

Mandel (Prunus dulcis)

Veredelungsmethode:	Okulation
Veredelungszeit:	Juli bis August (September)
Geeignete Unterlage:	Sämling (Prunus dulcis), Prunus GF 677, St.-Julien-Pflaume
Weitere Informationen:	Bei Pfirsich- und Mandelunterlagen findet die Okulation eventuell erst im September statt, da die Rinde sich erst dann gut vom Stamm lösen lässt.

Maulbeere (Morus alba, Morus nigra, Morus rubra)

Veredelungsmethode:	Rinden-Pfropfen, Anplatten, Kopulation
Veredelungszeit:	Februar bis März (Winterveredelung), Mai bis Juni (Sommerveredelung)
Geeignete Unterlage:	Weiße Maulbeere (Morus alba)
Weitere Informationen:	Es gibt viele unterschiedliche Maulbeerarten, die geläufigste ist jedoch die Weiße Maulbeere. Maulbeerarten können nicht automatisch an der Farbe unterschieden werden, da es durchaus auch vorkommen kann, dass die Weiße Maulbeere andersfarbige Früchte trägt. Alle Maulbeerarten lassen sich aber gut auf der Weißen Maulbeere veredeln. Spalt-Pfropfen funktioniert oft nur schlecht, da Maulbeeren über ein verhältnismäßig dickes Mark verfügen. Die Okulation der Maulbeere sollte nicht auf dem schlafenden, sondern auf dem treibenden Auge im Frühjahr durchgeführt werden. Auch Maulbeeren sind anfällig für Frostschäden, weshalb die Maulbeere ebenfalls gut geschützt gelagert werden sollte.

Maracuja (Passiflora edulis)

Veredelungsmethode:	Seitliches Anplatten
Veredelungszeit:	Dezember bis April
Geeignete Unterlage:	Sämling (Passiflora edulis)
Weitere Informationen:	Die klassische Maracuja, Passiflora edulis, wird auf ihrer nahen Verwandten Passiflora edulis flavicarpa veredelt, da diese weniger krankheits- und nematodenanfällig ist.

Mispel (Mespilus germanica)

Veredelungsmethode:	Okulation, Anplatten, Kopulation
Veredelungszeit:	März bis April (Winterveredelung), August (Okulation)
Geeignete Unterlage:	Quitte A, Ein- und Zweigriffliger Weißdorn
Weitere Informationen:	Mispeln treiben bei zu warmer Lagerung sehr leicht an und sind dann so gut wie immer nicht mehr zu gebrauchen. Wie bei Quitten verheilen auch ihre Wunden schlecht, weswegen auf Pfropfen verzichtet werden sollte.

Olive (Oldea europaea)

Veredelungsmethode:	Kopulation, Okulation
Veredelungszeit:	Dezember bis April
Geeignete Unterlage:	Sämling (Oldea europaea, Ligustrum)
Weitere Informationen:	Als Unterlage werden neben Sämlingen der eigenen Art auch diejenigen des schwach wachsenden Ligusters verwendet.

Pfirsiche (Prunus Persica)

Veredelungsmethode:	Okulation
Veredelungszeit:	Juli bis August, September
Geeignete Unterlage:	Sämling (Prunus Persica), Pfirsich-Mandel-Hybrid GF677, Pfirsich Montclar (u. ä.), Pflaume Brompton
Weitere Informationen:	Obwohl Frühjahrsveredelungen technisch möglich sind, wird der Pfirsich meist nur durch Okulation vermehrt. Der Zeitpunkt für diese ist von der verwendeten Unterlage abhängig. Auf einer Pflaumenunterlage wird bereits im Juli, auf Pfirsichen erst im August veredelt.

Pflaumen (Prunus Domestica)

Veredelungsmethode:	Okulation, Chip-Veredelung
Veredelungszeit:	Juli bis August
Geeignete Unterlage:	Sämling (Prunus Domestica), Pflaume Brompton, Hauszwetschge
Weitere Informationen:	Sollte der Baum umgepfropft werden, empfiehlt es sich, mit nur kleinen Veredelungsstellen zu arbeiten, da Pflaumen-Wunden nicht so gut heilen wie die von Birnen und Äpfeln. Zwetschgenunterlagen können durch Stecklinge vermehrt und selbst gezogen werden.

Quitte (Cydonia oblonga Mill.)

Veredelungsmethode:	Okulation, Chip-Veredelung, Anplatten, Kopulation
Veredelungszeit:	März bis April (Winterveredelung), August (Okulation)
Geeignete Unterlage:	Quitte BA29, A (u. ä.), selten auch Weißdorn, Vogelbeere
Weitere Informationen:	Quittenreiser treiben bei zu warmer Lagerung sehr leicht an. Eine sorgfältige Lagerung der Edelreiser ist ein absolutes Muss bei der Veredelung der Quitte. Trotzdem werden Quitten am besten im späten Frühjahr veredelt. Größere Pfropfköpfe sollten vermieden werden, da die Wunden von Quitten verhältnismäßig schlecht verheilen.

Sauerkirsche (Prunus Cerasus)

Veredelungsmethode:	Okulation, Geißfuß
Veredelungszeit:	Juli bis August
Geeignete Unterlage:	Vogelkirsche (Süßkirsche) und Steinweichsel
Weitere Informationen:	Sauerkirschen sind manchmal resistenter gegenüber Krankheiten, wenn sie auf den eigenen Wurzeln wachsen. Deswegen sollte gut überprüft werden, ob die Sauerkirsche nicht lieber wurzelecht vermehrt wird.

Süßkirsche (Prunus Avium)

Veredelungsmethode:	Okulation, Geißfuß
Veredelungszeit:	Juli bis August
Geeignete Unterlage:	Sorte Weiroot, Colt
Weitere Informationen:	Für Süßkirschen werden anders als bei Sauerkirschen in der Regel schwachwachsende Unterlagen verwendet.

Zitrusgewächse (Citrus)

Veredelungsmethode:	Chip-Veredelung, Kopulation, Seitliches Anplatten, Spalt-Pfropfen
Veredelungszeit:	Februar bis April (Winterveredelung), Juni bis August (Sommerveredelung)
Geeignete Unterlage:	Sämling (Citrus, Poncirus trifoliata)
Weitere Informationen:	Die Chip-Veredelung ist sehr gut geeignet, um die Zitronenpflanze und ihre Verwandten zu veredeln. Anfänger tun sich häufig aber leichter, indem sie das Spalt-Pfropfen verwenden.

VEREDELUNG VON ZIERGEHÖLZEN

Ziergehölze tragen anders als Obstbäume keine oder in der Regel für den Menschen nicht verträgliche Früchte. Oftmals findet hier die Veredelung daher eher mit dem Ziel statt, besonders schöne Blüten oder Früchte zu erhalten. Für Ziergehölze werden meistens Unterlagen verwendet, die derselben Art wie die Edelsorte entsprechen. Diese sind oft Wildarten oder Gartensorten. Durch Aussaat werden die Unterlagen herangezogen, selten auch durch Formen der vegetativen Vermehrung. Der Sämling muss in der Regel zwei, drei oder vier Jahre alt sein, bevor die Veredelung auf der Unterlage erfolgen kann. Entscheidend ist aber, dass der unterste Abschnitt des Stammes Bleistiftdicke hat. Auf dünneren Wurzelhälsen sollte nicht veredelt werden.

Für die Verträglichkeit zwischen Edelsorte und Unterlage ist außerdem von Bedeutung, dass die Unterlage ein zur Edelsorte möglichst ähnliches Erbgut besitzt. Sie sollte also nah mit der Edelsorte verwandt sein, damit die beiden sich auch gut verbinden. Die Verwandtschaft ist keine Garantie für eine erfolgreiche Veredelung, da es auch Gehölze gibt, die mit weiter entfernten Verwandten besser zusammenwachsen als mit den nächsten. Der Großteil der Arten wächst aber bestens auf einer nahe stehenden Verwandten an.

Apfelbeere (Aronia)

Veredelungsmethode:	Seitliches Anplatten, Kopulation
Veredelungszeit:	Dezember bis März
Geeignete Unterlage:	Sämlinge (Sorbus Aucuparia, Cotoneaster Bullatus)
Weitere Informationen:	Apfelbeeren sind nicht nur dekorativ, tatsächlich kann man die Zierfrüchte auch verarbeiten. Apfelbeeren werden auf dem Hochstamm veredelt.

Efeustämmchen (Hedera Helix)

Veredelungsmethode:	Seitliches Anplatten
Veredelungszeit:	Februar bis März
Geeignete Unterlage:	Sämling (Hedera Helix, Fatshedera lizei)
Weitere Informationen:	Der Efeu sollte nicht im Zimmer gehalten werden, da es sich hier um eine Pflanze handelt, die in der Kälte gedeiht. Handveredelungen finden beim Efeu daher besser nicht statt.

Erbsenstrauch (Caragana)

Veredelungsmethode:	Kopulation
Veredelungszeit:	Februar bis April
Geeignete Unterlage:	Sämling (Caragana jubata)
Weitere Informationen:	Veredeln ist eine beliebte Methode, um den Erbsenstrauch zu vermehren. Ansonsten erfolgt die Vermehrung meist über Aussaat.

Flieder (Syringa Vulgaris)

Veredelungsmethode:	Okulation, Kopulation
Veredelungszeit:	Dezember bis Februar (Winterveredelung), Juli bis August (Sommerveredelung)
Geeignete Unterlage:	Sämling (Syringa vulgaris)
Weitere Informationen:	Flieder wird meistens durch Steckholz vermehrt, weshalb die Unterlage selbst einfach angepflanzt werden kann. Allerdings sollte erst im zweiten Jahr auf dem Flieder veredelt werden.

Ginkgo (Ginkgo biloba)

Veredelungsmethode:	Kopulation
Veredelungszeit:	Dezember bis März
Geeignete Unterlage:	Sämling (Ginkgo biloba)
Weitere Informationen:	Die Veredelung vom Ginkgo erfolgt meist aufgrund der gewünschten Wuchsform. Normalerweise wird der Ginkgo einfach über Aussaat vermehrt. Eine Kopulation der Subarten auf einem Sämling ist aber unter den genannten Umständen möglich.

Korkenzieherhaselnuss (Corylus avellana)

Veredelungsmethode:	Kopulation
Veredelungszeit:	November bis Januar
Geeignete Unterlage:	Sämling (Corylus Avellana)
Weitere Informationen:	Als Unterlage für die Korkenzieherhaselnuss kann sowohl die Korkenzieherhaselnuss selbst als auch eine gewöhnliche Haselnuss verwendet werden. Diese ist jedoch starkwüchsiger und muss gründlich abgeworfen werden.

Liguster (Ligustrum)

Veredelungsmethode:	Kopulation
Veredelungszeit:	Dezember bis März
Geeignete Unterlage:	Sämling (Ligustrum Ovalifolium, Ligustrum Vulgare)
Weitere Informationen:	Immergrüne Liguster werden auf ovalblättrigem Liguster veredelt. Der Sommergrüne Liguster hingegen wird auf dem gewöhnlichen Liguster veredelt.

Magnolie (Magnolia grandiflora)

Veredelungsmethode:	Kopulation, Geißfuß
Veredelungszeit:	Dezember bis März
Geeignete Unterlage:	Sämling (Magnolia grandiflora)
Weitere Informationen:	Magnolien sind für ihre großen Blüten bekannt, die wahnsinnig schön anzusehen sind. Die Magnolie wird auf einem Sämling ihrer eigenen Art gezogen, wenn dieser einen mindestens bleistiftdicken Stamm entwickelt hat. Magnolien sind auch über das Absenken vermehrbar.

Rhododendron (Rhododendron)

Veredelungsmethode:	Kopulation
Veredelungszeit:	Dezember bis Mai
Geeignete Unterlage:	Sämling (Rhododendron ponticum, Rhododendron luteum)
Weitere Informationen:	Die Sämlinge des Ligusters sollten mindestens drei, besser fünf Jahre gewachsen sein, bevor sie als Unterlage dienen.

Stechpalme (Ilex)

Veredelungsmethode:	Kopulation
Veredelungszeit:	Dezember bis Februar
Geeignete Unterlage:	Sämling (Ilex aquifolium)
Weitere Informationen:	Ilex kann im Gewächshaus vermehrt werden, sollte auf jeden Fall aber frostfrei gepflanzt werden.

Trauerweide (Salix caprea)

Veredelungsmethode:	Kopulation, Okulation
Veredelungszeit:	Dezember bis Februar
Geeignete Unterlage:	Sämling (Salix daphnoides)
Weitere Informationen:	Normalerweise erfolgt die Kopulation auf der gewünschten Höhe. Bei besonders dicken Stämmen kann ein seitliches Anplatten durchgeführt werden.

Zaubernuss (Hamamelis)

Veredelungsmethode:	Kopulation, Geißfuß
Veredelungszeit:	Januar bis März
Geeignete Unterlage:	Sämling (Hamamelis virginiana, Hamamelis japonica)
Weitere Informationen:	Die Zaubernuss wird vor allem aufgrund der Schönheit und Beschaffenheit ihrer Blüten veredelt. Hierzu eignet sich besonders die Hamamelis virginiana, die virginische Zaubernuss.

Ziermandel (Prunus triloba)

Veredelungsmethode:	Okulation, Kopulation
Veredelungszeit:	November bis Januar (Winterveredelung), Juli bis August (Sommerveredelung)
Geeignete Unterlage:	Sämling (Prunus triloba)
Weitere Informationen:	Eine Vermehrung der Ziermandel ist, wie bei der gewöhnlichen Mandel, auf manchen Pflaumensorten möglich (z. B. Brompton).

Zierquitte (Chaenomales)

Veredelungsmethode:	Kopulation
Veredelungszeit:	Dezember bis Januar
Geeignete Unterlage:	Sämling (Chaenomales)
Weitere Informationen:	Vorteile einer Veredelung der Zierquitte sind ein schnelles Erblühen und ein rasantes Wachstum der Pflanze. Sie wird auf Vertretern ihrer Art veredelt. Zierquitten können auch über Wurzelstecklinge vermehrt werden, was eine gute Art ist, die Unterlage heranzuzüchten.

Zwergmispel (Cotoneaster)

Veredelungsmethode: Okulation, Kopulation

Veredelungszeit: Januar bis März (Winterveredelung), Juli bis August (Sommerveredelung)

Geeignete Unterlage: Sämling (Cotoneaster acutifolius)

Weitere Informationen: Die Zwergmispel wird ähnlich wie der Ginkgo aufgrund ihrer verschiedenen Wuchsformen veredelt. Die Unterlage sollte daher zur gewünschten Wuchsform passen. Auf der Cotoneaster acutifolius (Peking-Zwergmispel) wird normalerweise veredelt. Wenn ein starker Wuchs der Zwergmispel vorliegt und gewünscht ist, kann sie auf der Eberesche (Sorbus aucuparia) veredelt werden.

Veredelung von Rosengewächsen

Obwohl die Veredelung klassischerweise meistens an Obst- und Ziergehölzen durchgeführt wird, ist sie auch für einige Rosengewächse die Methode der Wahl. Rosen werden in der Regel mit der Okulationsmethode veredelt. Diese Methode hat sich als Vermehrungsart für Beetrosen, Kletterrosen und Strauchrosen etabliert.

Die Edelsorte ist meistens eine der drei oben genannten Arten. Die Unterlage bei der Rosenokulation ist eine Wildrose. Wildrosen gibt es in verschiedenen Sorten, aber am häufigsten wird die Rosa laxa verwendet. Die Unterlage wird im Herbst besorgt oder gesät. Bei einer bereits gezogenen Unterlage werden der Trieb und die Wurzel vorsichtig zurückgeschnitten. Die Rosen werden dann in Sand eingeschlagen und erst im Frühjahr eingepflanzt. Bei einer Aussaat sind in etwa ein bis zwei Jahre vor der Veredelung einzuberechnen, in welcher die Unterlage heranwächst. Wie lange die Aufzucht dauert, ist davon abhängig, wie dick die Triebe werden. Starke Sämlinge sind in der Regel schon nach einem Jahr bleistiftdick und damit bereit für die Okulation.

Wenn eine Sämlingsunterlage fehlt, kann auch auf eine Wildrose auf Steckhölzern zurückgegriffen werden. Eine Sorte, bei der dies möglich ist, ist zum Beispiel die Rosa multiflora. Die Veredelung der Rose sollte im August oder an heißen Tagen im Juli stattfinden.

Die Reiser werden kurz vor der Veredelung geerntet. Bis zur Okulation werden sie feucht gehalten, am besten in nassen Geschirrtüchern. Die Blätter sollten bis auf einen kleinen Blattstiel entfernt werden. Auch die Stacheln werden von dem Edelreis entfernt, ehe es bereit für die Okulation ist. Ein gutes, scharfes Messer ist essenziell für die Okulation, da man besonders präzise arbeiten muss, um die zarte Rose nicht zu sehr zu verletzen. Der Wurzelhals der Unterlage wird entsprechend für die Okulation vorbereitet. Er sollte gereinigt sein und etwa Fingerdicke besitzen. Am Wurzelhals wird dann der T-Schnitt durchgeführt und aus dem Edelreis wird das Edelauge entnommen. Bei Rosen kann es vorkommen, dass hinter dem Auge ein Holzspan sitzt. Dieser darf sorgsam entfernt werden. Das Edelauge wird dann in die Rinde der Unterlage eingeschoben und das überstehende Rindenstück wird auf die Höhe des T-Schnitts zugeschnitten. Die Wunde wird mit Bast und Gummiband verbunden. Achte darauf, dass die Wunde schmutzfrei bleibt, damit sie gut verheilen kann.

Nachbereitung der Okulation von Rosen

Die Veredelungsstelle wird im Herbst angehäufelt, um den Winter gut zu überstehen. Im darauffolgenden Frühling wird die Erde wieder entfernt, damit die Veredelungsstelle austreiben kann. Außerdem sollte die Unterlage etwa einen Zentimeter über der erfolgten Veredelung abgeworfen werden. Schnittstellen sollten mit Wundverschlussmittel verstrichen werden, damit die Pflanze die Einschnitte gut übersteht.

Die Veredelungsstelle sollte im Sommer austreiben. Bei Rosen muss besonders darauf geachtet werden, aufkommende Wildtriebe immer wieder zu entfernen. Dieser Vorgang nennt sich „Räubern".

Definition: Räubern
Dies ist das Entfernen von Wildtrieben bei Rosen. Die Wildtriebe werden entfernt, damit die gesamte Wuchskraft der Rose zugutekommt.

Veredelte Rosen haben manchmal Schwierigkeiten, sich ordentlich zu verzweigen. Alleinstehende, besonders lange Austriebe werden daher öfter geköpft, um nebenstehenden schlafenden Augen die Möglichkeit und Kraft zu geben, auszutreiben. Diesen Vorgang nennt man Pinzieren. Im folgenden Herbst wird die veredelte Rose in der Regel verpflanzt und an den gewünschten Standort gebracht.

Dies ist das Einkürzen von Zweigen bei der Rosenveredelung. Pinzieren hat den Zweck, die Verzweigung der Rosen zu fördern, indem durch die Kürzung stärkerer Triebe schwächere Augen zum Austrieb gezwungen werden.

Stammrosen und Trauerrosen

Hochstammrosen werden in der Regel auf der Unterlage Rosa Canina veredelt. Sie werden ebenso wie andere Rosensorten okuliert. Für unterschiedliche Höhen gelten unterschiedliche Standardgrößen zur Okulation. Rosenhalbstämme werden auf 60 cm Höhe, Rosenhochstämme auf 90 cm und Trauerstämme auf 140 cm okuliert. Für eine wilde und gut verzweigte Krone wird mehr als nur eine Veredelung pro Stamm angesetzt. Normalerweise werden zwei bis drei Veredelungen rund um den Stamm herum durchgeführt. Die Rosenkrone wird bereits im Herbst eingekürzt und der Stamm wird zur Vorbereitung auf den Winter sorgsam umgebogen. Im darauffolgenden Frühling wird die Krone zurückgeschnitten und die Augen werden nach Austrieb auf etwa vier bis acht Augen pinziert. Eine Okulation kann bei älteren Stammrosen übrigens auch dazu benutzt werden, um eine durch Frost geschädigte Rosenkrone nachzuveredeln.

Rosen im Winter schützen
Einige Rosen sind sehr frostanfällig. Frost- und Kälteschutz sind daher in der Nachbereitung der Veredelung sehr vonnöten. Das Anhäufeln ist eine Möglichkeit, um die Veredelungsstelle im Winter vor Frost zu schützen. Rosen können mit Fichten-Reisig bedeckt werden, um sie angemessen auf die Frosteinbrüche vorbereiten zu können. Umgebogene Rosenhochstämme werden in eine Mulde gelegt und mit lockerer Erde bedeckt. Plastikfolien sollten nicht benutzt werden, da sie Schimmelgefahr bedeuten.

Achtung: Da die meisten Rosen auf vielen Unterlagen wachsen, werden hier nicht die einzelnen Edelsorten, sondern die Rosenunterlagen mit ihren Eigenschaften vorgestellt.

Hundsrose (Rosa Canina Inermis)

Veredelungsmethode:	Okulation
Veredelungszeit:	Juni bis September
Geeignete Edelsorte:	Teehybridrosen, Beetrosen, Schnittrosen, Hochstammrosen
Weitere Informationen:	Die Rosa Canina Inermis ist eine stachellose Rosenform, die sehr empfindlich gegenüber Trockenheit ist. Sie verfügt jedoch über einen verhältnismäßig langen Veredelungszeitraum und ist sehr frosthart.

Hundsrose (Rosa Canina Pfänder)

Veredelungsmethode:	Okulation
Veredelungszeit:	Juni bis Ende August
Geeignete Edelsorte:	besonders für Hochstammrosen, aber auch Teehybridrosen, Beetrosen, Schnittrosen, Kletterrosen und Parkrosen
Weitere Informationen:	Die Rosa Canina Pfänder ist relativ trockenverträglich, frosthart und verfügt über einen starken Wuchs.

Heckenrose (Rosa Corymbifera Laxa)

Veredelungsmethode:	Okulation
Veredelungszeit:	Juni bis Mitte Juli
Geeignete Edelsorte:	Teehybridrosen, Beetrosen, Hochstammrosen
Weitere Informationen:	Die Heckenrose sollte nur an optimalen Standorten als Unterlage gepflanzt werden, da sie nicht sehr nässe- und trockenheitsverträglich ist. Dafür verfügt sie aber über eine relativ schwache Wildtriebbildung.

Vielblütige Rose (Rosa Multiflora)

Veredelungsmethode:	Okulation
Veredelungszeit:	Juli bis August
Geeignete Edelsorte:	Ramblerrosen und Büschelrosen
Weitere Informationen:	Die Vielblütige Rose ist eine recht frostfeste Unterlage, die auch tiefe Temperaturen recht gut übersteht.

Die 7 besten Tipps und Tricks für das erfolgreiche Veredeln

Was braucht es für eine erfolgreiche Veredelung? Nachdem die Grundlagen und spezielleren Techniken nun ausreichend diskutiert wurden, geht es hier an die besten Tipps und Kniffe, um die Veredelung gelingen zu lassen.

#1: Die optimale Passung von Edelreis und Unterlage

Zur Erinnerung: Eine Veredelung ist eine Verbindung von einem Edelreis mit einer Unterlage. Damit diese Verbindung funktioniert und fruchtbar ist, müssen sich Edelreis und Unterlage „verstehen". Die Passung zwischen dem Edelreis und der Unterlage sollte sorgfältig überdacht werden, damit es nicht zu „bösen" Überraschungen kommt.

Grundsätzlich kann man sich auf die Passung bestimmter gezüchteter Unterlagen mit ihren Edelpartnern gut verlassen. Die Unterlage sollte aber auch zu dem Boden passen, auf dem sie gepflanzt wird.

Die Eigenschaften der Unterlagen müssen zur Bodenbeschaffenheit, Region und Lage des Gartens und zu besonderen Anfälligkeiten der Edelsorte passen. Die Eigenschaften der Edelsorte müssen vor allem durch die Unterlage ergänzt werden. Die zu veredelnde Sorte ist letztlich die, die „gerettet" werden soll, weswegen die Ansprüche an die Unterlage an die Edelsorte angepasst werden müssen und nicht umgekehrt.

Viele Edelsorten lassen sich gut auf Wildlingen veredeln. Eine wilde Sorte über einen Sämling zu ziehen, ist zwar eine etwas aufwendigere, aber meistens sehr fruchtbare Möglichkeit, eine robuste Art anzuerziehen. Allerdings hat die Aufzucht des Sämlings auch den Nachteil, dass man sich nicht ganz darauf verlassen kann, was später an Unterlagen-Eigenschaften dabei herauskommt. Überlege dir auf jeden Fall gründlich, welche Edelsorte du mit welcher Unterlage paarst und ob die Unterlage gut und sicher in deinem Garten anwachsen kann.

Merke
Die Unterlage muss die idealen Voraussetzungen erfüllen, um die Edelsorte vor Krankheit, Witterung und „falschem“ Wachstum zu schützen. Die Unterlage wird an Edelsorte und Ort angepasst, nicht umgekehrt!

#2: Passendes Material immer griffbereit

Auch wenn einige Veredelungshandgriffe schon recht einfach durchzuführen sind, so ist die Veredelung im Prinzip doch eine sehr heikle Angelegenheit. Trotz aller positiven Effekte ist die Veredelung nämlich letztlich ein Eingriff in das natürliche Wachstum eines Baumes. Die Wunden, die dabei entstehen, sind für den Baum nicht unbedingt leicht zu verkraften. Außerdem können durch falsches Werkzeug gröbere Verletzungen entstehen. Ähnlich wie bei der Behandlung menschlicher Wunden kann verunreinigtes Werkzeug bei Pflanzen zudem zu Pilzkrankheiten und Infektionen führen, die tunlichst vermieden werden sollten.

Gutes Handwerkzeug und gute Materialien für die Veredelung sind schon relativ kostengünstig besorgt. Am wichtigsten ist ein gutes und zur Veredelung geeignetes Messer. Das genutzte Messer ist auch abhängig von der Methode. Ein einfaches scharfes Gartenmesser kann unter Umständen für eine einfache Kopulation ausreichend sein, für die Okulation benutzt man jedoch ein spezielles Okuliermesser. Auch für die einfacheren Techniken empfiehlt sich allerdings ein entsprechendes, qualitativ hochwertiges Messer.

Die Werkzeuge sollten darüber hinaus immer sauber und scharf gehalten werden. Ein nicht scharfes Messer hinterlässt gröbere Wunden. Für eine erfolgreiche Veredelung ist eine optimale Passung allerdings von Vorteil. Das Kambium der beiden Veredelungspartner muss immerhin perfekt aufeinanderliegen, damit die beiden Partner auch miteinander verwachsen können. Diesen Zusammenhalt kannst Du unterstützen, indem Du sauber arbeitest und scharfe, gerade Schnitte durchführst.

Merke
Benutze immer sauberes und scharfes Werkzeug. Für eine Veredelung eignen sich je nach Methoden Kopulier- und Okuliermesser oder die sogenannte „Hippe“. Investiere in gute Messer und eine gute Baumschere, um die Veredelung durchzuführen, denn nichts ist ärgerlicher als eine misslungene Veredelung.

#3: Die richtige Methode für die richtige Pflanze

Es gibt nicht die eine richtige Veredelungsmethode. Viel wichtiger, als die vermeintlich beste Methode zu finden, ist, die *passende* Methode zu finden.

Ausschlaggebend dafür, welche Methode angewandt werden soll, sind Jahreszeit, Pflanzensorte und Unterlagenstärke. Wenn die Unterlage und das Edelreis gleich groß sind, kann mit einem Kopulationsschnitt veredelt werden. Ist die Unterlage dicker als das Edelreis, werden Seitliches Anplatten, Geißfuß-Pfropfen, Okulation oder Chip-Veredelungen angewandt. Welche Methode für die Veredelung am besten geeignet ist, lässt sich nur unter Einbezug aller oben genannten Merkmale bestimmen.

Gerade Anfänger sollten außerdem gründlich üben, bevor sie sich an das eigentliche Veredeln machen. Übung macht eben den Meister – und gerade beim Veredeln eines Lieblingsbaumes ist es wichtig und notwendig, mit Präzision zu arbeiten, um die Edelreiser nicht zu verschwenden. Nimm Dir daher immer die Zeit, vorher mit anderen Edelreisern die entsprechenden Schnitte zu üben. Gleich zu Beginn solltest Du Dich nicht ans Geißfuß-Pfropfen oder einen Okulationsschnitt wagen – wenn eine einfachere Veredelungsmethode zur Verfügung steht, reduzierst Du dadurch das Risiko, deine Veredelungspartner zu verletzen. Achte auch auf die Beschaffenheit deiner Pflanze im Hinblick auf Krankheits- und Witterungsresistenz, um den optimalen Veredelungszeitpunkt herauszufinden. Korrespondierend damit kommen einige Veredelungstechniken in Frage, andere wiederum nicht. Nach einiger Zeit entwickelt man ein Gefühl dafür, wann welche Methode die besten Erfolge erzielt!

Merke

Es gibt viele verschiedene Veredelungstechniken, die alle ihre Vor- und Nachteile haben. Informiere Dich vorher gründlich über Deine Veredelungspartner, um eine fundierte Auswahl zu treffen.

#4: Auf die Natur hören

Eine Veredelung ist im Prinzip ein größerer chirurgischer Eingriff in das natürliche Wachstum des Baumes. Um ihm diesen Eingriff so gut es geht zu erleichtern, ist es wichtig, über die natürlichen Vorgänge der Pflanze Bescheid zu wissen und die Operation an seinen Rhythmus anzupassen.

Pflanzen durchlaufen wie die meisten Lebewesen einen natürlichen Zyklus über das Jahr, der aus einer Wachstums- und einer Ruhephase besteht. Die Wachstums- oder Vegetationsphase ist gekennzeichnet durch eine erhöhte Nährstoffverfügbarkeit und dadurch auch -aufnahme. Der Baum kann in dieser Zeit wachsen, treibt Blätter und Blüten und steht in Saft. In der Ruhephase steht das Wachstum größtenteils still und der Baum befindet sich in einer Art Winterschlaf.

Veredelungen können daher nicht das ganze Jahr über willkürlich durchgeführt werden. Der Rhythmus des Baumes muss beachtet werden, damit die Veredelung gut verheilt und gegen Witterung und Krankheit ausreichend geschützt ist. Ein zu frühes oder zu spätes Antreiben kann die Veredelung ruinieren.

Einige Methoden finden über den Winter, von Dezember bis ins Frühjahr hinein, statt, andere Veredelungen werden im Sommer zwischen Juni und August, manchmal bis September durchgeführt. Welche Methode geeignet ist und wann der beste Zeitpunkt für diese ist, hängt von Sorte und Beschaffenheit des Baumes ab. Für einige Veredelungstechniken muss der Baum in Saft stehen, damit sich die Rinde leicht vom Stamm lösen kann. Andere Veredelungstechniken können auch bei größerer Kälte und vor Antrieb der Knospen durchgeführt werden. Höre auf die Natur und überlege Dir ganz genau, wann der beste Zeitpunkt zum Veredeln ist, damit Du Frostschäden und ähnlichen Verletzungen entgegenwirken kannst.

Merke

Wie, wann und wo veredelt wird, sollte am Kreislauf der Natur orientiert sein. Achte auf die Eigenschaften Deiner Edelsorte und der Unterlage und veredele nicht einfach „drauflos" – der richtige Zeitpunkt kann für einen Erfolg oder Misserfolg ausschlaggebend sein.

#5: Wundverschluss und Nachsorge

Eine Veredelungsstelle ist eine offene Wunde im Baum. Weil der Baum so genau weiß, wie er mit Wunden umgehen muss, funktioniert die Veredelung.

Der Baum heilt seine Wunden normalerweise, indem er Kallusgewebe aufbaut, das die Wunde verschließt. Wenn Edelreis und Unterlage passend aufeinanderliegen, verbinden sich bei diesem Prozess die Kambien der beiden Veredelungspartner. Dadurch entsteht eine Verbindung, die gewährleistet, dass das Edelreis mit Nährstoffen aus Wurzeln und Stamm versorgt wird. Damit diese Verbindung problemlos entstehen kann, ist eine gründliche Wundvorsorge und -nachsorge von höchster Bedeutung.

Dabei kann sowohl Sterilität als auch das richtige Verbandmaterial eine große Rolle spielen. Alle Werkzeuge sollten immer gründlich gesäubert werden, damit das Infektionsrisiko gering bleibt. Die Wunde wird mit Bast, Gummibändern und Wachs versorgt. Dadurch wird ein dichter Zusammenhalt gefördert und die Wunde nach außen hin abgeschlossen. Sorge daher dafür, dass die Wundversorgung gründlich gewährleistet wird.

Auch die mehrjährige Nachsorge der Veredelung ist relevant für den Erfolg der Veredelung. Durch das Abwerfen der Äste wird dafür gesorgt, dass der veredelte Trieb viele Nährstoffe erhält und sich so gesund und kräftig entwickeln kann. Bei Rosengewächsen muss man sehr sorgsam mit dem Schneiden sein und hier auch ab und an pinzieren, um einen gut verzweigten Wuchs zu erzielen. Versorge Deine Pflanze gründlich nach der Veredelung, das erhöht die Erfolgschancen ungemein!

Merke

Vor- und Nachbereitung der Veredelung sind essenziell für eine gelungene Verbindung. Säubere Wunden gründlich und gib dem Baum ausreichend Zeit, sich von dem Eingriff zu erholen. Ein Abwerfen und ein Zuschneiden der Triebe gehören fast immer zu den notwendigen Maßnahmen nach einer Veredelung.

#6: Geduld

Nach der Veredelung nimmt die Natur ihren gewöhnlichen Lauf. Hier ist manchmal einiges an Geduld gefragt, um die Zeit zu überbrücken.

Schon vor der Veredelung ist es vonnöten, auf den richtigen Zeitpunkt zu warten. Wenn die Unterlage extra ausgesät wird, gehen manchmal bis zu zwei Jahre ins Land, bevor die Veredelung stattfinden kann. Das erfordert nicht nur viel Pflege, sondern auch viel Geduld, falls man die Veredelung doch mal um ein Jahr verschieben muss.

Grundsätzlich lässt sich sagen, dass eine Veredelung nicht übereilt werden sollte. Ein paar Wochen zu früh gesetzt, bricht vielleicht doch noch einmal der Frost hinein, ein bisschen zu lange gewartet und die Knospen sind schon getrieben. Aber: Gut Ding will Weile haben. Wer ein bisschen geduldig mit den Pflanzen, sich selbst und der Veredelung ist, wird auch in Krisenfällen besonnen reagieren können.

Es gibt natürlich auch Methoden, bei denen man mehr oder minder sofort sehen kann, ob die Veredelung gelungen ist oder nicht (zum Beispiel bei der Okulation auf dem schlafenden Auge). Dennoch muss man eben ein bisschen warten, bis das Endergebnis dann sichtbar ist. Dafür lohnt es sich dann umso mehr, die Früchte oder Blüten des veredelten Baumes zu genießen!

Merke
Eine Veredelung kann nur mit der nötigen Geduld gelingen. Sorgfalt bei Vor- und Nachbereitung sowie Genügsamkeit und das Warten auf den richtigen Zeitpunkt helfen Dir, wunderbare Früchte zu ernten.

#7: ZWISCHENVEREDELN UND UMVEREDELN

Sollte die Veredelung doch einmal missglücken, brauchst Du Dich nicht allzu sehr zu grämen. Manchmal kann man eben einfach nicht verhindern, dass etwas anders läuft als geplant. Zu viel Trockenheit, Regen, Stürme oder Frosteinbrüche können eine junge Veredelung schon ordentlich belasten. Auch die Auswahl einer falschen Sorte oder die Unverträglichkeit zwischen Unterlage und Edelsorte kann der Veredelung Schaden zufügen.

Zum Glück lassen sich viele Witterungsschäden durch gründliche Vorbereitung vorbeugen oder durch gute Pflege retten. Bei einer Unverträglichkeit besteht zudem bei einigen Sorten die Möglichkeit, mithilfe einer dritten Sorte zu zwischenveredeln. Auch ein Umveredeln der Sorte ist möglich, wenn sie doch nicht schmeckt oder nicht so aussieht wie gewünscht. Einige Bäume lassen sich auch mehrfach veredeln, sodass sie zu ganzen „Naschbäumen“ mit vielen verschiedenen Sorten werden. Bedenke, dass Du den Erfolg deiner Veredelung nie ganz vorhersehen kannst, aber dass es auch immer Möglichkeiten gibt, Unterlage und Edelsorte noch zu retten! Manchmal braucht man dafür nur ein kleines bisschen mehr Zeit.

Die Veredelung ist außerdem eine echte Gärtnerskunst – gräme Dich daher nicht zu sehr, wenn beim ersten Mal einiges schiefgeht, der Baum nicht so pflegeleicht ist wie gedacht oder die Wunde „überwallt“. Je öfter man sich daran übt, desto besser wird man eben auch.

Merke
Nur weil eine Veredelung nicht perfekt gelingt, sind nicht gleich Unterlage und Edelsorte verloren – der Baum kann oft nochmals veredelt werden, bei Unverträglichkeiten mithilfe einer Zwischenveredelung oder bei fehlerhafter Sorte mithilfe einer Umveredelung.

Bonus: Gurke, Aubergine, Paprika – Gemüse erfolgreich veredeln

Die meisten Veredelungen finden an Obstgehölzen, Ziergehölzen oder Rosengewächsen statt. Was aber, wenn man im heimischen Garten noch ganz andere Pflanzen hat, die eine Veredelung gebrauchen könnten? Nicht nur Bäume und Rosen können veredelt werden, auch Gartengemüse ist veredelbar. Natürlich erfüllt nicht jedes Gemüse alle Voraussetzungen dafür. Die Gemüsesorten, die veredelt werden können, sind Fruchtgemüse-Sorten. Dazu gehören Tomaten, Auberginen, Paprika und Gurken.

Definition: Fruchtgemüse
Fruchtgemüse bezeichnet Gemüse, das durch Bestäubung befruchtet wird und oberirdische Früchte trägt. Fruchtgemüse kann man daran erkennen, dass innerhalb der Frucht Samen zu finden sind.

Es gibt viele gute Gründe, Gemüse zu veredeln. Ein Hauptgrund ist, die schmackhafte Edelsorte auf eine Unterlage zu setzen, die resistenter gegen Bodenkrankheiten ist. Nicht nur rettet man die Früchte dadurch vor Krankheiten, auch führt der Aufsatz auf die starke Unterlage meistens zu einer reichhaltigeren Ausbeute.

Tomaten, Auberginen und Paprika

Tomatenunterlagen sind meistens Wildsorten oder spezielle Züchtungen. Die Unterlage soll eine große Widerstandsfähigkeit gegen Nematoden aufweisen und bestenfalls auch vielen anderen klassischen Tomaten-Krankheiten robust gegenüber sein. Dazu gehören unter anderem Korkwurzelkrankheiten, Verticillium-Welke und Weißstängeligkeit. Tomaten kommen aus wärmeren Gebieten und sind deswegen besonders bei kalten Witterungsverhältnissen sehr anfällig für diverse Probleme im Wachstum. Eine Veredelung mithilfe einer robusten Unterlage führt hingegen dazu, dass die Tomatenpflanze ertragreicher und gesünder wird.

Auch bei Auberginen sollte die Unterlage vor allen Dingen eine Schädlingsresistenz vorweisen. Auberginen profitieren wie Tomaten sehr von einer Veredelung. Auch hier führt die Veredelung in der Regel zu einer reichhaltigeren Ernte.

Paprika profitieren nicht ganz so stark von einer Veredelung, obwohl sie technisch möglich ist. Daher werden sie auch deutlich seltener veredelt. Für Paprika werden meistens Chilisorten oder Cayennepfeffer als Unterlage benutzt. Chili und Cayennepfeffer haben eine deutlich größere Resistenz gegenüber Nematoden, Viren und Fäule. Deshalb lohnt sich eine Veredelung grundsätzlich schon. Ein großes Plus der Veredelung von Paprika ist, dass sie dadurch auch weniger empfindlich gegenüber Kälte werden.

Bei allen drei Gemüsearten wird eine Veredelungsmethode benutzt, die sich Kopfveredelung nennt. Der Stängel der Unterlage muss dafür genauso dick wie der Stängel der Edelsorte sein. Sowohl Edelsorte als auch Unterlage werden durch Aussaat gepflanzt. Da die Stängel gleich dick sein müssen, wird der Zeitpunkt der Saat am besten so angepasst, dass beide Sorten zum gleichen Zeitpunkt in etwa gleich dick sind. Da die Stängeldicke von Sorte zu Sorte unterschiedlich sein kann, werden Unterlage und Edelsorte gegebenenfalls zeitversetzt ausgesät.

Bei Tomaten wird häufig die Unterlage „Estamino F1" verwendet. Diese robuste Unterlage muss circa fünf bis sieben Tage vor Aussaat der Edelsorte ausgesät werden. Die Unterlage kann auch für Auberginen verwendet werden. Da Auberginen anders wachsen als Tomaten, wird diese Unterlage bei dieser Pflanze etwa fünf Tage nach Aussaat der Aubergine gepflanzt.

Wenn die Pflanzen stark genug sind, um veredelt zu werden, geht es ans Schneiden. Mit einem sauberen und scharfen Messer wird der Stängel sorgsam abgeschnitten. Hierzu eignet sich zum Beispiel ein Kopuliermesser, aber auch ein handelsübliches Rasiermesser, das vorher gründlich gereinigt und desinfiziert wurde. Angesetzt wird der Schnitt unterhalb der Keimblätter.

Definition: Keimblätter

Keimende Pflanzen besitzen sogenannte Keimblätter. Diese Blätter sind Teil des Keimlings – also des Teils, aus dem die Pflanze herangewachsen ist. Die Keimblätter sind die ersten Blätter, die aus der Pflanze entstanden sind. Keimblätter enthalten Knospen, die erneut austreiben können.

Bei der Edelsorte wird ein gegengleicher Schnitt gesetzt, der allerdings oberhalb der Keimblätter stattfindet. Wichtig ist außerdem, darauf zu achten, dass die Schnitte an der Stelle erfolgen, an welcher Unterlage und Edelsorte gleich dick sind. Wie bei jeder anderen Veredelung auch gilt der Grundsatz: Kambium auf Kambium. Deshalb ist die gleiche Dicke der Stängel von äußerster Wichtigkeit. Zusätzlich dazu musst Du darauf achten, dass die Stängel nicht zu sehr zerquetscht werden, da Gemüsestängel um einiges empfindlicher sind als Edelreiser von Gehölzen.

Wenn Unterlage und Edelsorte aufeinandergesetzt wurden, wird die Verbindungsstelle mit einem Silikonclip verbunden, der eigens zu diesem Zweck besteht. Um die Veredelung zu stabilisieren, kann man einen Stab an der Pflanze anbringen. Dieser gibt der Pflanze Halt und entlastet sie. In einem kleinen Gewächshaus ist die Pflanze nach der Veredelung bestens aufgehoben. Achte darauf, dass in ihrer Umgebung eine hohe Luftfeuchtigkeit besteht und es nicht zu kalt ist. Direkte Sonneneinstrahlung kann in den ersten Tagen außerdem auch zur Austrocknung führen und sollte daher erst einmal gemieden werden. Eine Tomatenveredelung ist meistens nach circa einer Woche abgeschlossen. Auch Auberginen und Paprika brauchen nicht viel länger, bis sich das Kambium der Unterlage mit dem Kambium der Edelsorte verbunden hat. Nach erfolgreicher Veredelung können die Gemüsesorten genauso wie zuvor weitergezogen werden.

Gurken

Die Gurkenveredelung verläuft ähnlich wie die Tomatenveredelung, nur mit kleinen, aber feinen Unterschieden. Als Unterlage eignet sich der Feigenblattkürbis. Er ist sehr widerstandsfähig gegen Kälte und außerdem nicht sehr anfällig für Fusarium-Welke und Stängelgrundfäule. Die beiden Sorten können ungefähr zum gleichen Zeitpunkt ausgesät werden, wobei der Kürbis auch eher drei bis vier Tage später gepflanzt werden kann. Er entwickelt recht zügig einen sehr starken Stängel und erreicht somit manchmal schneller die geforderte Dicke als die Gurke.

Auch andere Kürbisse können eine geeignete Unterlage für die Gurke zur Veredelung darstellen. Dazu gehören Moschuskürbisse und Riesenkürbisse. Beide Sorten wachsen langsamer als der Feigenblattkürbis und werden daher am besten etwas eher, also etwa 3 bis 4 Tage vor der Gurke ausgesät.

Für die Gurkenveredelung wird der Stängel der Unterlage eingeschnitten. Der Schnitt erfolgt schräg von oben nach unten und soll bis etwa zur Hälfte des Stängels reichen. Setze den Schnitt an die Seite, die zur Gurke zeigt. Ein gegengleicher Schnitt erfolgt auf dem Stängel der Edelsorte. Er wird von unten nach oben geführt und erfolgt auf der Seite, die zum Kürbis zeigt.

Die beiden Schnittflächen können nun vorsichtig ineinandergeschoben werden. Für Gurken gibt es ebenso wie für Tomaten, Auberginen und Paprika spezielle Klemmen, mit welchen die Veredelung fixiert werden kann. Wie die Tomatenpflanze soll auch die Gurke in den ersten Tagen vor zu viel Sonne geschützt werden. Achte außerdem darauf, dass sie nicht zu viel verdunstet.

Die Veredelung von Gurken ähnelt stark der Kopulation mit Gegenzungen. Wenn die Stellen eng aneinanderliegen und Kambium auf Kambium trifft, sollte innerhalb von acht bis zehn Tagen eine erfolgreiche Verwachsung beider Veredelungspartner miteinander erfolgen. Schneide nach erfolgreicher Veredelung die Stängel so ab, dass nur noch die Unterlage verwurzelt ist. Die Edelsorte wird unterhalb der Verbindung, die Unterlage oberhalb der Verbindung um ihren Stängel eingekürzt. Ist dieser letzte Schritt erfolgt, kann die Pflanze genau wie zuvor weitergezogen werden. Gurken vertragen in der Regel auch eine Verpflanzung ins Freie, wenn es warm genug dafür ist.

Gemüse veredeln ist ein wenig einfacher als die Veredelung von Gehölzen, da Du hierzu wesentlich weniger Geduld brauchst und schneller zum Genuss Deines Erfolges kommt. Natürlich muss auch hier darauf geachtet werden, dass die Veredelung sauber und sorgsam durchgeführt wird und die Schnitte erfolgreich verheilen. Der Zeitpunkt der Veredelung ist abhängig von der ausgewählten Sorte, unterliegt aber nicht so strengen Regeln wie bei der Veredelung von Gehölzen, da meist sowohl Edelsorte als auch Unterlage selbst ausgesät werden.

Das Wissen der Gärtner

Die Veredelung von Pflanzen ist ein althergebrachtes Kulturgut und ein wundervolles Mittel, um alte Sorten zu erhalten und Lieblingspflanzen zu vermehren. Die Veredelung einer Edelsorte mit einer Unterlage bringt auch der Pflanze einige Vorzüge: Es entsteht eine robustere, gesündere und ertrăglichere Variante der Mutterpflanze.

Für die Veredelung von Gehölzen braucht man ein wenig Geduld und muss sich auf den Rhythmus der Natur einstellen. Dennoch ist die Veredelung einfach und relativ kostengünstig zuhause durchführbar. Mit ein wenig Übung gelingen Dir schon nach kurzer Zeit die scharfen Schnitte, die für eine ergebnisreiche Veredelung nötig sind.

Im Grunde nutzt die Veredelung all das, was die Natur den Bäumen von selbst mitgegeben hat: Wenn Kambium auf Kambium trifft, verwachsen die Bäume miteinander und bilden eine Symbiose, die sich den Vorzügen beider Partner bedient. Der (Hobby-)Gärtner eignet sich diese wundervolle Eigenschaft der Pflanzen an, indem er aus zwei bereits guten Bäumen eine edlere Version heranzieht, die ertragreicher, schöner und schmackhafter ist als zuvor.

Schon mit wenigen Mitteln kann eine gelungene Veredelung durchgeführt werden. Das wichtigste Handwerkzeug des Gärtners ist das Wissen um die Vorgänge innerhalb der Pflanzen, um seine Eingriffe richtig einschätzen zu können. Er muss wissen, wann die Rinden in Saft stehen, um ein erfolgreiches Pfropfen durchzuführen; er sollte sich auskennen mit den verschiedenen Verträglichkeiten von Unterlagen mit Edelreisern; und er muss den geeigneten Zeitpunkt finden, um Edelreiser zu ernten und sie schonend zu lagern. Schließlich muss ein Gärtner auch verstehen, wie er seinen Baum vor Unwetter, Krankheiten und Infektionen sichern kann.

In diesem Buch hast Du gelernt, welche Voraussetzungen für eine Veredelung notwendig sind und mit welchem Werkzeug sie zu bewerkstelligen ist. Du hast Vor- und Nachbereitung und alle wichtigen Methoden der Veredelung kennengelernt und gelernt, wie man im Kreislauf der Natur veredelt. Du beherrschst mittlerweile alle Handgriffe und nützlichen Informationen, um zwei Sorten zu einem edlen Baum zusammenzuführen. Was gibt es also Schöneres, als das neu erworbene Wissen nun zur Anwendung bringen zu können?

Wir hoffen, Dir einiges über die Pflanzenveredelung beigebracht zu haben, und wünschen Dir viel Erfolg bei der Veredelung Deiner Lieblingssorten.